Livraison N° 189. 1240e du Cours de Construction. Prix : 50 cent.

ENCYCLOPÉDIE THÉORIQUE & PRATIQUE DES CONNAISSANCES CIVILES & MILITAIRES

(*Publiée sous le patronage de la Réunion des officiers*)

PARTIE CIVILE

COURS DE CONSTRUCTION

Publié sous la direction de

G. OSLET, INGÉNIEUR DES ARTS ET MANUFACTURES

DIXIÈME PARTIE

TRAITÉ
DES
CHEMINS DE FER

PAR

AUGUSTE MOREAU, I. Q, ✻, ✻, ✠

Ingénieur des Arts et Manufactures. — Membre du Comité de la Société des Ingénieurs civils de France.
Ancien chef de section des travaux neufs au chemin de fer du Nord. — Ancien Ingénieur en chef et chef de l'exploitation des chemins de fer secondaires. — Secrétaire du Congrès International des procédés de construction à l'Exposition Universelle de 1889.

PARIS
GEORGES FANCHON, ÉDITEUR
25, RUE DE GRENELLE, 25

Exposition Internationale du Livre : PARIS 1894. MÉDAILLE D'ARGENT

TRAITÉ DES ROUTES, RIVIÈRES & CANAUX

NEUVIÈME PARTIE DU COURS DE CONSTRUCTION

PAR

P. BERTHOT

Ingénieur des Arts et Manufactures. — Membre et lauréat de la Société des Ingénieurs civils de France. — Ancien Ingénieur de la province de Céara (Brésil). — Ingénieur en chef de l'Exposition Française à Moscou, en 1891.

PROGRAMME SOMMAIRE

AVANT-PROPOS

PREMIÈRE PARTIE. — ROUTES

CHAPITRE PREMIER

Définitions générales et classement.

HISTORIQUE

Les routes chez les Babyloniens, les Carthaginois, les Grecs et les Romains. — Leur importance chez ce dernier peuple, leur tracé, leur construction. — Chaussées de Brunehaut. — Des routes sous Henri IV, sous Louis XIV. — De la corvée, du péage. — De la prestation. — État actuel.

DES ROUTES DANS LES PAYS ÉTRANGERS

Routes en Angleterre, aux États-Unis, en Autriche, en Belgique, en Russie, en Suède, en Italie, en Espagne et en Allemagne.

CHAPITRE II

DU TRACÉ D'UNE ROUTE, PROFIL EN LONG

Premier cas. — *On possède une carte avec courbes de niveau.* — Limite de pente. — Méthode de Durand-Claye. — Considérations politiques et commerciales. — Projet de rectification. — Raccordements.

Deuxième cas. — *On possède une carte sans courbes de niveau.* — Procédés pour limiter les recherches sur le terrain.

Troisième cas. — *Il n'existe pas de cartes.* — Levé complet du terrain. — Description sommaire des procédés à employer. — Orientation de la route. — Détermination de la déclinaison de la boussole. — Détermination de la latitude et de la longitude. — Des mesures approchées et des calculs qui en résultent.

CHAPITRE III

PROFILS EN TRAVERS

Leur forme. — Bombements. — Accotements. — Gares. — Types de profils en travers. — Le choix est déterminé par la nature des matériaux à disposition et par le coefficient de traction.

CHAPITRE IV

EXPÉRIENCES SUR LE TIRAGE DES VOITURES

Le général Morin et Dupuit. — Influence du diamètre et de la largeur du bandage des roues. — Des flaches. — Des pentes et rampes.

CHAPITRE V

ÉTUDE DU PROJET DÉFINITIF

Évaluation des déblais et des remblais. — Méthode approchée. — Méthode exacte. — Équilibre des remblais et des déblais. — Évaluation des transports. — Moyens en usage pour les effectuer.

CHAPITRE VI

INFRASTRUCTURE

Établissement du profil en long. — De la forme. — Généralités sur les chaussées dallées, pavées, empierrées, en bois, en fascinage, en bitume comprimé. — Tramways.

CHAPITRE VII

CONSTRUCTION DES CHAUSSÉES

CHAUSSÉES DALLÉES

Procédés employés.

CHAUSSÉES PAVÉES

Des pavés, de leur fabrication, de leur durée. — Du sable. — Construction d'un chemin pavé. — Prix de revient.

CHAUSSÉES EMPIERRÉES

Choix des matériaux. — De leur liaison. — De leur préparation. — Machines à casser les pierres. — Rouleaux compresseurs. — Prix de revient.

CHAUSSÉES EN BOIS

Différents systèmes employés. — Choix et préparation du bois. — Infrastructure. — Pose. — Durée. — Prix de revient.

CHAUSSÉES EN FASCINAGE

Dans quels cas on doit y avoir recours. — Fabrication de fascines. — Prix de revient.

CHAUSSÉES EN BITUME COMPRIMÉ

Infrastructure. — Bitumage. — Trottoirs. — Bordures. — Prix de revient.

CHAPITRE VIII

TRAVAUX ACCESSOIRES

Ponts et ponceaux. — Aqueducs. — Bouches d'égout. — Fossés. — Plantations.

CHAPITRE IX

ENTRETIEN DES CHAUSSÉES PAVÉES ET EMPIERRÉES

Relevages à bout. — Autres modes. — Des chaussées empierrées. — Méthode du point à temps. — Balayage à outrance. — Emploi. — Béton. — Entretien par rechargements généraux. — Cylindrage. — Usure. — Machines à balayer. — Arrosage, arrosage chimique. — Frais d'entretien. — Comparaison des différents systèmes.

CHAUSSÉES EN BOIS

Entretien. — Réparations. — Frais d'entretien.

CHAPITRE X

Coup d'œil sur la législation des routes depuis les temps anciens jusqu'à nos jours. — Législation actuelle. — Décret d'utilité publique. — Enquête *de commodo* et *incommodo*. — Autorisation pour pratiquer les études, expropriations, payement des indemnités. — Occupations temporaires. — Indemnités. — Contrat avec les entrepreneurs. — Garantie d'exécution. — Surveillance des travaux. — Réception des travaux.

CHAPITRE XI

Règlements de police relatifs à la conservation des routes. — Au roulage. — Déclassement des chemins.

CHAPITRE XII

Personnel des ponts et chaussées. — Ingénieurs. — Conducteurs. — Agents voyers. — Personnel subalterne.

CHAPITRE XIII

COMPTABILITÉ

Budgets. — Parts contributives de l'État, du Département, de la Commune. — Évaluation et répartition des ressources. — Comptabilité des ingénieurs des ponts et chaussées. — Des agents voyers. — De l'ordonnancement. — Justification des dépenses.

DEUXIÈME PARTIE. — RIVIÈRES

CHAPITRE PREMIER

NAVIGATION

Conditions qu'un cours d'eau doit remplir pour être flottable ou navigable. — Résistance au mouvement des bateaux. — Flottage. — Halage. — Bateaux à voiles. — Remorquage par bateaux à roues, par bateaux à hélice. — Touage. — Câble de M. Maurice Lévy. — Prix de revient du cas différents modes de transport. — Comparaison avec les transports sur routes et sur chemins de fer.

CHAPITRE II

CLASSIFICATION DES FLEUVES ET RIVIÈRES

Torrents. — Rivières torrentielles. — Rivières à régime régulier. — Vitesse de l'eau. — Influence de la forme du lit de la rivière. — De sa direction. — Des remous. — Leur cours. — Leurs effets. — Jaugeage des cours d'eau.

CHAPITRE III

TORRENTS

Leur extinction par le reboisement. — Rivières torrentielles. — Leur correction. — Exemples. — Défense des rives. — Fascines, digues en charpente, plantation, enrochements, perrés, épis. — Étude sur les sables. — Leur déplacement, leur fixation.

CHAPITRE IV

ÉTIAGE

Crues et inondations. — Observations de Vallée, de Dupuit. — Prévision des crues. — Réservoirs d'assainissement. — Endiguements. — Canaux de dérivation. — Déversoirs. — Zones d'inondations. — Rupture des digues. — Assurances.

CHAPITRE V

AMÉLIORATION DES RIVIÈRES

Quelles sont les vitesses en différents points de la section d'une rivière? — Hauts fonds. — Rapides. — Profil en long et en travers de la section des rivières. — Endiguements. — Canalisation. — Barrages. — Types en usage.

CHAPITRE VI

UTILISATION DES EAUX PAR L'INDUSTRIE

Sur les rivières flottables. — Navigables. — Sur les petits cours d'eau. — Création d'une chute. — Évaluation du travail disponible. — Bief d'amont. — Bief d'aval. — Barrages. — Vannes. — Formalités administratives pour la création d'une chute. — Droits des tiers. — Mesures administratives et policières.

CHAPITRE VII

Utilisation des cours d'eau pour l'agriculture. — Inondations partielles des terrains. — Leur utilité. — Drainage. — Collecteur. — Irrigations. — Canaux principaux. — Rigoles. — Leur tracé. — Droits des tiers. — Règlements de police.

CHAPITRE VIII

Personnel attaché spécialement aux cours d'eau. — Ingénieurs. — Conducteurs. — Piqueurs. — Éclusiers. — Gardes-pêche.

CHAPITRE IX

Lois et règlements en vigueur. — Police des fleuves, des rivières, des canaux.

CHAPITRE X

Comptabilité. — Recettes. — Dépenses. — Ordonnancement. — Payements. — Vérification de la comptabilité.

TROISIÈME PARTIE. — CANAUX

CHAPITRE PREMIER

DÉFINITIONS

ÉVALUATION DE LA QUANTITÉ D'EAU NÉCESSAIRE POUR ALIMENTER UN CANAL

Perte due au passage d'un bateau, aux filtrations, à l'évaporation.

CHAPITRE II

ALIMENTATION

Étude des ressources en eau disponible. — Réserves. — Bassins de secours. — Réservoirs. — Machines élévatoires.

CHAPITRE III

Tracé d'un canal. — Canal à point de partage. — Canal latéral. — Considérations qui doivent guider dans le choix de l'emplacement d'une écluse. — Détermination de la section d'un canal. — Profil en long. — Profil en travers. — Dimensions des écluses. — Devis.

CHAPITRE IV

Travaux de terrassements. — Construction de la cuvette. — Abords. — Talus. — Gazonnement. — Chemin de halage. — Étanchement à l'eau trouble.

CHAPITRE V

ÉCLUSES

Leurs dimensions. — Construction du radier, des bajoyers, du busc. — Portes d'écluse en bois, en fonte, en fer. — Appareils élévatoires des bateaux.

CHAPITRE VI

Digues. — Bassins. — Épaisseur des murs. — Solide d'égale résistance. — Résistance du sol à l'écrasement et au glissement. — Digues en terre. — Perrés d'étang. — Barrages fixes et mobiles. — Système Caméré, etc.

CHAPITRE VII

TRAVAUX ACCESSOIRES

Maisons d'éclusiers. — Ponts. — Canaux. — Rigoles. — Vannages. — Prises d'eau pour l'industrie ou l'agriculture. — Aqueducs.

CHAPITRE VIII

État des voies navigables en France et en Belgique. — Groupe de l'Oise, de la Marne, de l'Yonne, de la Seine, de l'Eure. — Bassins du Nord. — Rivières et canaux. — Littoral normand. — La Loire, ses affluents. — La Charente. — La Sèvre-Niortaise. — La Dordogne. — La Garonne. — La Gironde. — L'Adour. — Le Rhône. — Littoral de la Méditerranée. — Voies navigables de l'Est. — Belgique. — Canaux du Sud, du Centre et de l'Est de la Belgique.

CHAPITRE IX

PERSONNEL

Le même que celui des ponts et chaussées. — Gardes-pêche. — Éclusiers. — Entretien.

CHAPITRE X

Législation spéciale relative aux canaux et aux voies navigables. — Mesures de police.

CHAPITRE XI

COMPTABILITÉ

Recettes. — Dépenses. — Ordonnancement. — Payements. — Vérification des comptes.

22
97

COURS DE CONSTRUCTION
DIXIÈME PARTIE

TRAITÉ DES CHEMINS DE FER

V. — EXPLOITATION. — STATISTIQUE

1. On entend par exploitation dans un chemin de fer l'ensemble des services qui concourent à assurer la bonne utilisation de l'instrument que l'on possède, c'est-à-dire à réaliser, dans les meilleures conditions pour tout le monde, la régularité et la sécurité du transport des voyageurs et des marchandises sur un réseau donné.

L'exploitation se divise ordinairement en plusieurs services que nous allons examiner ci-dessous.

Organisation générale.

2. Un chemin de fer représente une somme de capitaux généralement trop importante pour appartenir à une seule personne, ou à quelques associés, du moins en Europe, et particulièrement en France.

La ligne appartient donc à une Compagnie, c'est-à-dire à un certain nombre d'actionnaires qui délèguent leur pouvoir à un Conseil d'administration.

Quand nous disons que la ligne appartient à la Compagnie, ce n'est pas absolument exact, en ce sens qu'elle n'en a que la concession à temps. Les grandes lignes sont concédées pour quatre-vingt-dix-neuf ans, les petites pour soixante-quinze et même moins, au bout desquels l'État devient possesseur de tout, sauf le matériel roulant et le mobilier.

Les actions sont ordinairement de 500 francs, prix d'émission et de remboursement; les actions des grandes Compagnies se négocient à un prix variable, mais sensiblement plus élevé.

En dehors des actions, le capital des Compagnies est encore formé d'obligations, véritables prêts à revenu fixe, le plus souvent de 3 0/0 effectué pour faire face à une dépense déterminée, et n'ayant aucune part aux dividendes. Leur prix d'émission est généralement de 300 francs, prix généralement dépassé comme celui des actions; le placement en obligations est particulièrement sûr, car ces titres ne participent ni aux bénéfices, ni aux pertes, en un mot à aucun aléa de l'entreprise; et en cas de déconfiture, ils ont un tour privilégié sur ce qui reste de l'actif. Enfin, les Compagnies s'engagent toutes à rembourser ces obligations à 500 francs au bout de cinquante-cinq ans. Tous les ans on effectue un tirage qui en libère quelques-unes.

On comprend que, pour permettre ce remboursement, il faut que le nombre des obligations ne soit pas exagéré par rapport aux actions; si la ligne est de faible trafic et ne rapporte que peu de bénéfices, il ne faut pas dépasser la moitié du nombre des actions, sinon on peut aller jusqu'aux 4/5; les obligations ne sont, en effet, d'une garantie sérieuse qu'autant que leur chiffre ne dépasse pas le minimum de revenu de la ligne, sinon, le chemin de fer venant à faire de mauvaises affaires, les obligations peuvent être aussi aléatoires que les actions.

En un mot, les actionnaires sont les

véritables propriétaires de la ligne : les obligataires en sont les créanciers.

Le Conseil d'administration est composé d'administrateurs élus par les actionnaires en assemblée générale. Cette assemblée doit avoir lieu au moins une fois par an et quelquefois davantage dans les cas extraordinaires. Les actionnaires nomment une Commission d'examen des comptes. Les personnes qui en font partie, appelées quelquefois les censeurs des comptes, sont chargées de l'apurement des recettes et dépenses présentées par le Conseil d'administration pour la prochaine assemblée.

Les administrateurs ainsi nommés servent alors d'intermédiaires entre les capitalistes et les hommes spéciaux, techniques ou purement administratifs, qui sont à la tête de tous les services. Il faut donc placer à ce poste des hommes dont l'instruction ou l'éducation spéciale participe un peu des deux.

Il ne faut pas qu'ils soient complètement ignorants des choses qu'on a constamment à leur soumettre et qu'ils occupent ces fonctions uniquement par suite du nombre d'actions qu'ils ont en portefeuille. Les chefs de service auraient trop de difficultés à se faire comprendre d'eux. Mais il ne faut pas non plus qu'ils soient trop de la partie, car ils veulent suppléer leur action personnelle à celle des ingénieurs, forcément plus compétents, et il en peut résulter des conflits fort préjudiciables à la bonne marche des choses.

Le plus souvent le Conseil d'administration nomme un Directeur ; il arrive cependant parfois que les administrateurs choisissent parmi leurs collègues un Comité de direction formé de plusieurs personnes qui se répartissent les diverses fonctions de la Compagnie. Mais ce système n'est pas à préconiser, car il en résulte souvent un manque d'unité de vues. La Compagnie du Nord, en France, est la seule qui n'ait pas de directeur, et cela s'explique, dans le cas spécial, par la puissante personnalité financière qui a la haute influence dans cette Compagnie. Toutes les autres Compagnies françaises ont un directeur, choisi généralement parmi les ingénieurs les plus distingués, et qui n'a au-dessus de lui que le Conseil d'administration, auquel il rend compte des choses les plus importantes du service, en négligeant les détails. On a ainsi la plus complète unité d'action.

De toutes façons, on rencontre immédiatement au dessous trois chefs de service :

1° Un ingénieur en chef des travaux et de l'entretien ;

2° Un ingénieur en chef du matériel et de la traction ;

3° Un ingénieur en chef de l'exploitation.

Il est préférable que ce dernier ait une certaine autorité, au moins morale, sur les deux autres.

Formes diverses d'exploitation.

3. En Angleterre on emploie le système d'exploitation par des Compagnies absolument indépendantes. En Belgique, c'est l'État qui exploite toutes les lignes importantes et fructueuses. Les autres lignes seules sont concédées à des industriels.

En France, on a ces deux systèmes d'exploitation. D'une manière générale, d'ailleurs, le système est mixte en ce sens que les Compagnies reçoivent des concessions pour une durée ordinairement de quatre-vingt-dix-neuf ans et que l'État n'intervient que comme contrôle.

Au début, les Compagnies se sont installées avec des subventions de l'État qui ont été généralement insuffisantes pour couvrir l'intérêt du capital augmenté des frais d'exploitation.

Ensuite est venu le système de la garantie d'intérêt couvrant le déficit entre les frais précités et la recette, au moyen d'une garantie variable, mais permettant d'atteindre toujours un revenu fixe. Ce système a permis, en particulier, la création d'un certain nombre de lignes secondaires.

Depuis 1883, l'État a souvent pris la coutume de faire lui-même l'infrastructure, laissant à la Compagnie concessionnaire la superstructure et l'exploitation.

Divisions de l'exploitation.

4. L'exploitation comprend généralement quatre grandes branches, savoir :

1° L'entretien et la surveillance de la voie et du matériel ;

2° La locomotion, formant souvent un service à part et quelquefois une simple subdivision de l'exploitation ;

3° L'Exploitation proprement dite ;

4° L'Administration centrale.

5. L'*Administration centrale* comporte le Secrétariat général chargé des relations de la Compagnie avec les administrations publiques, la correspondance, la publicité, la comptabilité centrale (caisse, budget, service des titres), le contentieux et le domaine privé.

6. L'*Exploitation* proprement dite se divise en un certain nombre de services, à peu près les mêmes dans les différentes Compagnies, et qui sont les suivants :

7. Le *service central*, comprenant la correspondance, les archives de l'exploitation, l'expédition sur le réseau des ordres de service divers, la comptabilité des dépenses, les registres et dossiers du personnel.

8. Le *mouvement* est le service spécialement chargé de la marche des trains sous toutes ses formes : organisation composition, répartition du matériel, police, personnel, marche proprement dite.

9. L'*inspection*, comportant un certain nombre d'agents spéciaux ou inspecteurs, encadrés eux-mêmes par d'autres portant le nom d'inspecteurs principaux. La ligne est divisée en un certain nombre de sections à la tête desquelles se trouve un de ces derniers, assisté d'inspecteurs ordinaires qui ont autorité sur tout le personnel sans exception, aussi bien des gares et stations que des trains. Leur mission est particulièrement de veiller à la bonne marche des trains, à la bonne répartition du matériel, de préparer les états mensuels de paiement du personnel, de transmettre à la direction de l'exploitation les rapports journaliers des gares et stations, d'assurer la bonne manutention des marchandises dans les gares, de contrôler le factage et le camionnage, de surveiller les correspondances, de régler certaines réclamations, quitte à en référer au service commercial, de signaler les mesures propres à assurer le développement du trafic, de correspondre avec les chefs des services voisins, traction, matériel, voie, etc., dans les mêmes sections pour prendre d'accord et d'urgence toutes les mesures intéressant le service courant : marche de certains trains, accidents, enquêtes, entretien des voies, des bâtiments, des gares, etc.

10. Le *contrôle des recettes* centralise toutes les pièces comptables reçues des gares et en fait la vérification ; il exerce, en outre, le contrôle de la perception et du versement des recettes ; il tient la comptabilité, par débit et crédit, des stations, fait les balances annuelles des gares, établit les comptes courants avec les administrations étrangères.

Des employés ambulants, dits inspecteurs de comptabilité, se rendent dans les gares pour faire la vérification des écritures et des caisses, contrôler les billets en magasin, etc.

11. Le *service commercial*. Ce service est spécialement destiné à régler à l'amiable toutes les réclamations qui peuvent l'être sans l'intervention obligée du contentieux. En même temps il recherche constamment les moyens qui peuvent assurer le développement du trafic du réseau. On rattache souvent à ce service les relations internationales de la Compagnie avec les douanes françaises et étrangères.

12. Le *contentieux*, qui traite de tous les différends que peut avoir la Compagnie avec les administrations ou les particuliers. Dans les grandes Compagnies françaises, ce service acquiert souvent une grande importance.

13. Le *service technique* n'existe pas dans toutes les Compagnies, mais on tend de plus en plus à l'y introduire. Ainsi, on le voit actuellement au Lyon, au Midi, au Nord. Il centralise les besoins de l'exploitation au point de vue particulièrement technique, c'est-à-dire en ce qui concerne les voies, les bâtiments, les signaux, les appareils pouvant faciliter les manutentions, etc.

14. La *statistique*. La statistique récapitule le mouvement général des voyageurs et des marchandises ainsi que tous les renseignements les concernant ; ainsi : le poids des marchandises transportées, le nombre et la catégorie des têtes de bestiaux, le mouvement et le produit des arrivages et des expéditions par nature de transport, de destination.

15. Les *services accessoires* comprennent diverses branches de l'exploitation qui, sans avoir l'importance des précédentes, n'en sont pas moins indispensables. Tels sont le camionnage, le chauffage et l'éclairage, le mobilier et petit matériel, les imprimés et la fabrication des billets, le service télégraphique, le service médical, etc.

CHAPITRE PREMIER

ENTRETIEN ET SURVEILLANCE

§ 1. — *VOIES ET STATIONS*

16. Nous commencerons par donner l'organisation du personnel nécessaire à la période de construction elle-même.

Organisation d'un service de construction.

17. Pendant la période d'exécution d'une ligne, les deux chefs principaux sont deux ingénieurs : un ingénieur en chef des travaux neufs et un ingénieur en chef du matériel.

Pour le matériel, le personnel secondaire se compose de contrôleurs qui vont dans les usines et dans les chantiers des fournisseurs faire la réception provisoire des rails, des traverses, etc.

Quant aux travaux, l'ingénieur en chef divise son travail par divisions à la tête desquelles se trouve un ingénieur ordinaire ayant à construire 40 à 50 kilomètres au maximum, de manière qu'il puisse au moins, une fois par semaine, parcourir toute sa section, ayant encore environ la moitié de son temps de reste pour le travail de bureau.

Chacune de ces divisions se subdivise elle-même en *sections* de 10 à 15 kilomètres dirigées par un *conducteur* de travaux ou *chef de section*. Un travail d'une importance particulière, comme un souterrain par exemple, suffit pour racourcir beaucoup le nombre de kilomètres à surveiller d'un chef de section.

Chaque chef de section a sous ses ordres des *piqueurs* ou *chefs de district* n'ayant sous leur direction que 3 à 4 kilomètres de manière à pouvoir les parcourir plusieurs fois dans la même journée.

Enfin, les chefs de district ont sous leurs ordres des *surveillants* qui sont attachés à poste fixe à tous les travaux importants ou ont à faire un trajet fort court de travaux secondaires.

Dans une ligne importante, l'ingénieur en chef crée, en outre, un service général d'architecture, afin qu'il y ait une certaine uniformité dans les projets de bâtiments des gares qui différeraient trop les unes des autres si chaque ingénieur était appelé à choisir son type.

Les travaux sont exécutés par des spécialistes portant le nom d'*entrepreneurs*, que l'on choisit d'abord avec soin et que l'on met ensuite en concurrence par adjudication sur un rabais donné.

Le choix des entrepreneurs est une chose toujours délicate et qui exige la plus grande attention de la part de l'ingénieur en chef. Les gros entrepreneurs, c'est-à-dire ceux qui manient des capitaux très importants, s'installent souvent en maîtres sur les chantiers et gênent quelquefois l'ingénieur dans ses mouvements. Quant aux petits, ils sont encore plus dangereux, parce que, cherchant à faire des affaires à tout prix, ils évincent leurs nombreux concurrents au moyen de rabais exagérés, faisant des promesses qu'ils sont ensuite dans l'impossibilité de tenir. On est donc exposé à se voir abandonner au milieu même de la période des travaux, faute d'un capital suffisant pour pouvoir continuer. Le mieux est de ne pas mettre en adjudication des lots de plus d'un million à un million et demi de travaux annuels, que l'on confie à des entrepreneurs moyens.

Ceux-ci doivent, avant l'adjudication, présenter des certificats justifiant leur compétence et leur honorabilité montrées dans des travaux analogues ; on s'informe, en outre, de leur situation personnelle, et à la rigueur on peut exiger des garanties financières des concurrents. Enfin, on exclut généralement ceux qui ont la réputation de vous entraîner au règlement, dans d'interminables procès.

18. *Exécution des travaux.* — Les travaux à forfait sont l'exception pour quelques projets sans importance, comme les maisons de garde. Dans tous les autres cas, on travaille sur séries de prix dressées à l'avance suivant les régions où s'exécutent les différents travaux de ligne. Il est rare, en effet, que des modifications aux projets primitifs ne surgissent pas au cours d'exécution et le forfait recevrait à chaque instant des accrocs, entraînant des réclamations sans nombre.

Il y a cependant des cas où le forfait devient impossible à éviter, comme pour les lignes construites en Algérie, aux colonies, etc., où quantité de détails, qui échappent au premier abord, peuvent se produire à chaque pas. Le forfait devient alors une tranquillité pour tout le monde, surtout si l'on a un entrepreneur connaissant bien le pays.

D'autres fois, le public ne répond pas avec empressement à la demande de souscription des titres émis par la Compagnie. On est alors obligé de négocier avec une grande société financière, qui accepte les titres dans l'espoir de les écouler peu à peu sur le marché. L'entrepreneur lui-même est alors généralement payé, au moins en partie, en titres, et il ne peut lui-même établir ses comptes personnels sans un forfait établi à l'avance. Mais nous le répétons, en règle générale, le forfait est à éviter.

Organisation d'un service d'entretien.

19. L'entretien de la voie d'un chemin de fer est réglé dans les grandes lignes par les articles 30 et 31 du titre II du cahier des charges-type ainsi conçu :

TITRE II

ENTRETIEN ET EXPLOITATION

« Art. 30. — Le chemin de fer et toutes ses dépendances seront constamment entretenus en bon état, de manière que la circulation y soit toujours facile et sûre. »

« Les frais d'entretien, et ceux auxquels donnent lieu les réparations ordinaires et extraordinaires, seront entièrement à la charge de la Compagnie. »

« Si le chemin de fer, une fois achevé, n'est pas constamment entretenu en bon état, il y sera pourvu d'office à la diligence de l'Administration et aux frais de la Compagnie, sans préjudice, s'il y a lieu, de l'application des dispositions indiquées ci-après dans l'article 40. »

« Le montant des avances faites sera recouvré au moyen de rôles que le préfet rendra exécutoires. »

« Art. 31. — La Compagnie sera tenue d'établir à ses frais, partout où besoin sera, des gardiens en nombre suffisant pour assurer la sécurité du passage des trains sur la voie, et celle de la circulation ordinaire sur les points où le chemin de fer sera traversé à niveau par les routes ou chemins. »

L'article 2 de l'ordonnance du 15 novembre 1846 reproduit à peu près l'article 30 du cahier des charges et ajoute : « Les Compagnies devront faire connaître au Ministère des Travaux publics les mesures qu'elles auront prises pour l'entretien du chemin de fer et des ouvrages qui en dépendent. Dans le cas où ces mesures seraient insuffisantes, le Ministre des Travaux publics, après avoir entendu la Compagnie, prescrira celles qu'il jugera nécessaires. »

L'article 31 de la même ordonnance prescrit de placer « le long du chemin, le jour et la nuit, soit pour l'entretien, soit pour la surveillance de la voie, des agents en nombre assez grand pour assurer la libre circulation des trains et la transmission des signaux ; en cas d'insuffisance, le Ministre des Travaux publics en réglera le nombre, la Compagnie entendue. »

20. *Organisation des services.* — Le service d'entretien de la voie et des bâtiments a la même importance que le service de la construction proprement dite, et dans les anciennes Compagnies, où les réseaux sont à peu près achevés, une importance beaucoup plus grande.

Mais, de toutes façons, il y a à chaque nstant à agrandir des gares, à en consruire de nouvelles, à dédoubler des voies xigeant des rails, des traverses et tous les accessoires. Il y a donc là un personnel analogue à celui de la construction citée plus haut, c'est-à-dire un ingénieur en chef avec des ingénieurs divisionnaires, des chefs de section, des chefs de district, des surveillants, des chefs d'équipe, et en plus des garde-barrières.

Souvent l'ingénieur, très occupé à ses études de cabinet, a sous ses ordres un inspecteur chargé spécialement des tournées.

Il faut souvent encore ouvrir un service d'architecture pendant l'exploitation.

Enfin, tout cela est complété par un service spécial de contrôle et de comptabilité.

Dans la plupart des cas, et cela nous paraît en effet une excellente mesure, le service des travaux neufs et celui de l'entretien sont sous la direction du même ingénieur en chef. Cela présente, en effet, de nombreux avantages, car ces deux services ont de nombreux points de contact, emploient les mêmes procédés et les mêmes matériaux, et de la bonne exécution de l'une dépend la bonne marche de l'autre.

Travaux complémentaires. — Les travaux qu'est appelé à faire le service de l'entretien consistent le plus souvent en transformations de gares et en installations de signaux, exigées par l'amorce de lignes nouvelles ou par l'augmentation locale du trafic. Le service de l'exploitation proprement dite indique d'une façon précise les besoins du trafic et les exigences de la sécurité, et les projets sont ensuite dressés sur ces indications.

Un soin particulier doit être apporté au dressage des devis de manière à en détacher minutieusement ce qui doit être porté au compte de l'entretien et ce qui doit rester à celui des travaux neufs. Dans le premier doivent figurer tous les travaux représentant la main-d'œuvre, la différence entre la valeur brute et la valeur réelle des matériaux rentrant en magasin ; les dépenses de premier établissement comprennent, au contraire, tout ce qui est fourniture de matériaux quelconques venant en augmentation de la valeur du capital.

Ces travaux complémentaires viennent, en effet, toujours grever le capital et retarder l'époque du partage des recettes avec l'État, comme l'exigent les conventions établies que nous verrons plus loin en détail. Aussi, tous ces travaux sont-ils l'objet d'une autorisation ministérielle spéciale, après avis du Conseil général des Ponts et Chaussées.

Mais le service le plus important de cette branche de l'Administration est l'entretien proprement dit.

Entretien proprement dit. — La surveillance directe de la voie est généralement exercée par des cantonniers, dont les femmes gardent la barrière d'un passage à niveau voisin. Ces agents font des tournées journalières sur un canton déterminé, en s'assurant que la voie est toujours en bon état. Ils sont assermentés de manière à pouvoir dresser procès-verbal contre les personnes étrangères au chemin de fer qui s'introduiraient dans l'enceinte réservée de la ligne, et contre les délits de voirie que viendraient à commettre les riverains. Ils ont soin de damer la surface du ballast de manière à assurer l'écoulement des eaux, d'entretenir les haies, clôtures et plantations ; ils s'assurent que rien ne s'oppose à la libre circulation des trains. Ils resserrent au besoin les écrous des boulons, les tirefonds, chevillettes, crampons, etc., qui montrent le moindre jeu.

En temps de neige, ils débarrassent la voie, puis l'entrevoie et enfin les accotements. Ils inspectent rapidement la voie après un orage de manière à voir si les eaux n'ont pas raviné le ballast. Ils sont encore chargés de l'allumage des signaux, de leur nettoyage et de leur entretien.

En résumé:

Les principales attributions du service de l'entretien de la voie sont les suivantes :

1° Entretien proprement dit de la voie (infrastructure et superstructure) et de toutes ses dépendances ;

2° Assurer la libre circulation des trains ;

3° Appliquer les règlements de police ;

4° Conserver le domaine de la Compagnie ;

5° Étudier les travaux d'agrandissement et d'extension.

Personnel. — Le personnel est divisé en *cantons* dont l'étendue est variable suivant les difficultés locales, trafic, déclivités, etc. En général, ils varient de 900 à 1500 mètres de voie simple ; les lignes à une seule voie n'emploient pas la moitié, mais les deux tiers du personnel exigé par les lignes à deux voies. Chaque canton est composé d'une brigade de *cantonniers*, aidés suivant les besoins par une équipe de *poseurs* et une de *piocheurs*.

Le service de ces hommes consiste à exécuter tous les travaux nécessaires au maintien en parfait état du chemin de fer et de ses dépendances, savoir :

Entretenir les talus, plantations, routes et chemins d'accès ;

Curer les fossés, rigoles, aqueducs ;

Nettoyer, consolider et redresser les voies ;

Remplacer les rails, les traverses, les moyens de fixation avariés.

Chaque matin, les chefs d'équipe mettent leurs hommes au travail, puis font une tournée dans leur canton pour se rendre compte des réparations à faire et les noter avec soin. Le soir, avant de quitter, ils font une seconde tournée afin de voir si tout est en bon état, si aucun objet n'a été oublié et si les trains peuvent en toute sécurité franchir leur section. Ces tournées sont souvent faites par des gardes spéciaux, le garde-barrière voisin, par exemple, dont la femme tient la barrière.

Si le passage à niveau est très fréquenté, la manœuvre des barrières est faite de jour et de nuit par des gardes-poseurs, en même temps garde-barrières, et qui n'ont à surveiller que les abords de leurs passages, sans cantonnements.

Lorsque le garde-barrière est ainsi absorbé par son service, la surveillance de la ligne est confiée à des *garde-lignes*, dont la mission est analogue.

Le service de nuit est confié à des hommes sous l'inspection d'un seul *surveillant* pour chaque arrondissement (50 kilomètres).

Les cantonniers sont répartis par brigades de quatre à cinq hommes, dont un chef cantonnier, chargés de l'entretien de 4 kilomètres de voie.

Les cantonniers et les garde-lignes sont sous les ordres d'un *piqueur* ou *chef de district*, qui est à la tête d'une subdivision de 15 à 18 kilomètres.

Au dessus se trouve un *conducteur* ou *chef de section*, qui est à la tête d'un *arrondissement* de 50 kilomètres.

Un *ingénieur ordinaire* est le chef d'une *division*, qui renferme 200 kilomètres environ.

A Paris, l'*ingénieur principal* centralise tous ces services et en rend compte à l'*ingénieur en chef*.

Cette organisation, calquée sur ce qui se fait au chemin de fer du Nord, est la même partout, sauf quelques détails exigés par la topographie du terrain, le climat, etc.

Garde-lignes.

21. Les attributions des garde-lignes sont les suivantes :

1° La sécurité, la surveillance et la garde de la voie et de toutes ses dépendances, dans l'étendue du canton qui leur est confié. Ils sont responsables de tous les accidents qui suivent le résultat de leur négligence ;

2° La manœuvre, s'il y a lieu, les aiguilles de la voie ;

3° Prévenir les délits de grande voirie (on sait que le chemin de fer est classé dans la grande voirie), et de les constater lorsqu'il y a lieu ; signaler les dérangements des appareils télégraphiques ;

4° Faire les tournées nécessaires pour s'assurer que rien ne s'oppose à la libre circulation des trains. Ces tournées sont réglées par des ordres de service spéciaux;

5° Faire les signaux prescrits pour que les trains se suivent à l'intervalle réglementaire et dans l'ordre indiqué de la marche des trains. La position à occuper par les gardes pour faire les signaux nécessaires au passage et au croisement des trains est également indiquée à ces agents par leurs règlements.

Lorsqu'un garde remarque un dérangement, un obstacle, ou toutes particularités de nature à compromettre la sécurité des trains, il doit se porter immédiatement à 800 mètres au moins en avant du point dangereux pour faire le signal d'arrêt. Si les deux voies sont obstruées, ou si le dérangement se produit sur la voie unique, le garde-ligne doit couvrir d'abord le point vers lequel un train est attendu et prendre, le plus tôt possible, les dispositions nécessaires pour faire le signal d'arrêt de l'autre côté de la voie;

6° Les garde-lignes doivent exécuter tous les travaux de petit entretien dont ils reconnaîtront la nécessité dans leurs tournées, et tous ceux qui leur sont indiqués par les piqueurs ou chefs de section: entretien de toutes les pièces entrant dans la composition des voies, règlement de la surface du ballast, pilonnage des sables remaniés, visite des ouvrages d'art, entretien et curage des fossés, réparations des talus, conservation des bornes, clôtures, plantations, etc.

Ils veilleront à ce que le feu projeté par les machines ne se communique pas aux ouvrages en charpente, aux herbes, aux bois. En cas de sinistre, ils prendront toutes les précautions pour éteindre le feu et, s'il en est besoin, ils appelleront du secours;

7° Ils porteront une attention spéciale sur les dépôts de matériaux et autres qui pourraient être atteints par les wagons et les machines. Ils ne doivent pas perdre de vue que les marchepieds dépassent le rail extérieurement de 0m,90 et que, pour certaines locomotives, les cendriers et les bielles descendent à moins de 0m,10 au-dessus du rail, c'est-à-dire sensiblement à son niveau;

8° Pendant la durée du temps de leur service, ils ne doivent, sous aucun prétexte, abandonner leur canton, à moins qu'ils n'en soient requis par le chef d'un train en détresse, ou, en cas d'urgence, par le chef de section ou le piqueur.

Les pluies, les neiges, les intempéries ne peuvent être un motif d'absence pour les gardes; dans ces circonstances, ils doivent, au contraire, redoubler de zèle et d'activité pour assurer la libre circulation des trains et prévenir les dégradations du chemin;

9° Assurer par tous les moyens à leur disposition le déblaiement de la voie et la circulation des trains en temps de neige, conformément aux instructions spéciales qu'ils possèdent à ce sujet.

22. Le personnel des garde-lignes est soumis, cela se comprend, à une discipline très rigoureuse; de leurs bons services dépendent en effet, journellement, des milliers d'existences de voyageurs. En revanche, on ne manque jamais non plus, dans maintes circonstances, de les encourager par des primes.

En dehors de leurs outils et carnets, les gardes sont tous munis d'un drapeau rouge, d'un drapeau vert, d'une lanterne à trois verres, rouge, vert et blanc, d'une boîte à pétards et d'une corne d'appel.

Les garde-lignes, comme les aiguilleurs, sont choisis parmi les meilleurs poseurs et les ouvriers employés à des travaux de construction ou d'entretien de chemin de fer. La limite d'âge fixée pour leur admission est trente-cinq ans, limite portée à quarante et même quarante-cinq pour ceux qui ont d'anciens états de services à la Compagnie.

Leurs attributions sur les chemins de fer correspondent à peu près à celles des cantonniers des routes. Ils sont sous les ordres immédiats des piqueurs de la voie et des chefs de section.

Des gardes supplémentaires sont employés pour suppléer au besoin les gardes de toutes classes qui seraient malades ou en permission. Ces agents sont assujettis à toutes les obligations des gardes qu'ils remplacent. Ils sont ordinairement occupés à la distribution des matières et à la répartition des matériaux employés à l'entretien.

Quand les garde-lignes ou cantonniers ne sont pas en même temps chargés du service d'un passage à niveau, on peut leur donner des cantons de surveillance un peu plus longs. Cette longueur va quelquefois jusqu'à 3 000 mètres, chiffre peut-être un peu excessif, à moins que la circulation de la ligne ne soit très peu importante.

Pour les lignes où les trains se succèdent à de faibles intervalles, l'étendue des cantons doit être réduite à 1 700, 1 600 et même 1 500 mètres.

Dans tous les cas, elle ne devrait jamais dépasser 2 500 mètres.

En dehors de ces garde-lignes à canton fixe, les réparations de quelque importance sont faites par des équipes de *poseurs* qui se transportent suivant les besoins d'un point à un autre. Ce système est le meilleur sur les lignes à grande circulation.

Sur d'autres réseaux moins fréquentés, les garde-lignes n'ont pas individuellement de cantons, ils sont organisés par brigades de quatre ou cinq, plus un chef, et chargés ainsi en commun de l'entretien, de la surveillance et de la réparation d'une section dite menée.

23. *Brigades de poseurs.* — Le service des poseurs consiste dans l'entretien proprement dit des voies, comprenant le redressement, le bourrage et le relèvement des voies, le règlement du ballast, le nettoyage de la voie, quand il ne peut être fait par les garde-lignes et les gardes auxiliaires, et le remplacement des rails, coussinets, traverses, coins, chevillettes, pièces de changements ou de croisements, de plaques tournantes, etc., détériorées ou hors d'usage ; comme aussi dans la pose de voies existantes, et, en outre, de tous les travaux nécessaires à l'entretien des voies : tels qu'enlèvement des neiges, chargement des matériaux, qui leur sont ordonnées par leurs chefs, etc.

Poseurs.

24. *Outils d'une brigade d'entretien.* — Sur les grandes Compagnies il existe généralement des poseurs spéciaux pour l'entretien de la voie.

Le plus souvent chaque chef poseur, sous-chef et chef d'équipe se procure et entretient en bon état à ses frais les instruments suivants :

Une batte à langue de carpe ;
Un chasse-coin ;
Une pelle en fer ;
Une pelle en bois ;
Une raclette ;
Un balai.

Les objets suivants sont fournis par la Compagnie et entretenus par elle : anspects, crics, niveaux, règles, brouettes, lanternes, drapeaux, burettes, gabarits, wagonnets.

Tous les autres outils et instruments de détails, dont les équipes ont besoin d'être pourvues, sont encore fournis par la Compagnie, mais entretenus à frais communs par tous les hommes composant l'équipe, qui ont ainsi grand intérêt à en avoir soin.

D'autres fois, la Compagnie fournit les instruments suivants dont elle conserve l'entretien :

1 wagonnet pour l'équipe ;
1 anspect pour l'équipe ;
1 pince en fer par homme, dite crayon ;
2 pinces en fer, à pied-de-biche pour l'équipe ;
2 chasse-coins (voie à double champignon), pour l'équipe ;
2 clefs à fourche pour les boulons d'éclisses, pour l'équipe ;
2 marteaux à deux têtes pour saboteur, pour l'équipe ;
2 scies, pour l'équipe ;
2 burins, pour l'équipe ;
1 batte en fer, pour chaque homme ;
2 gabarits d'écartement, pour l'équipe ;
2 herminettes, pour l'équipe ;
2 lacerets, pour l'équipe ;
1 règle de niveau ;
1 jeu de nivelettes ;
1 niveau à bulle d'air.

En outre, l'hiver, il faut les appareils et outils pour enlever les neiges, et dans les gares une boîte d'aiguilleur et un cric (V. *fig.* 1 à 58) (Martial, *Carnet du poseur*).

Indépendamment des outils et instruments ci-dessus, chaque brigade doit être munie de drapeaux rouges avec lanternes

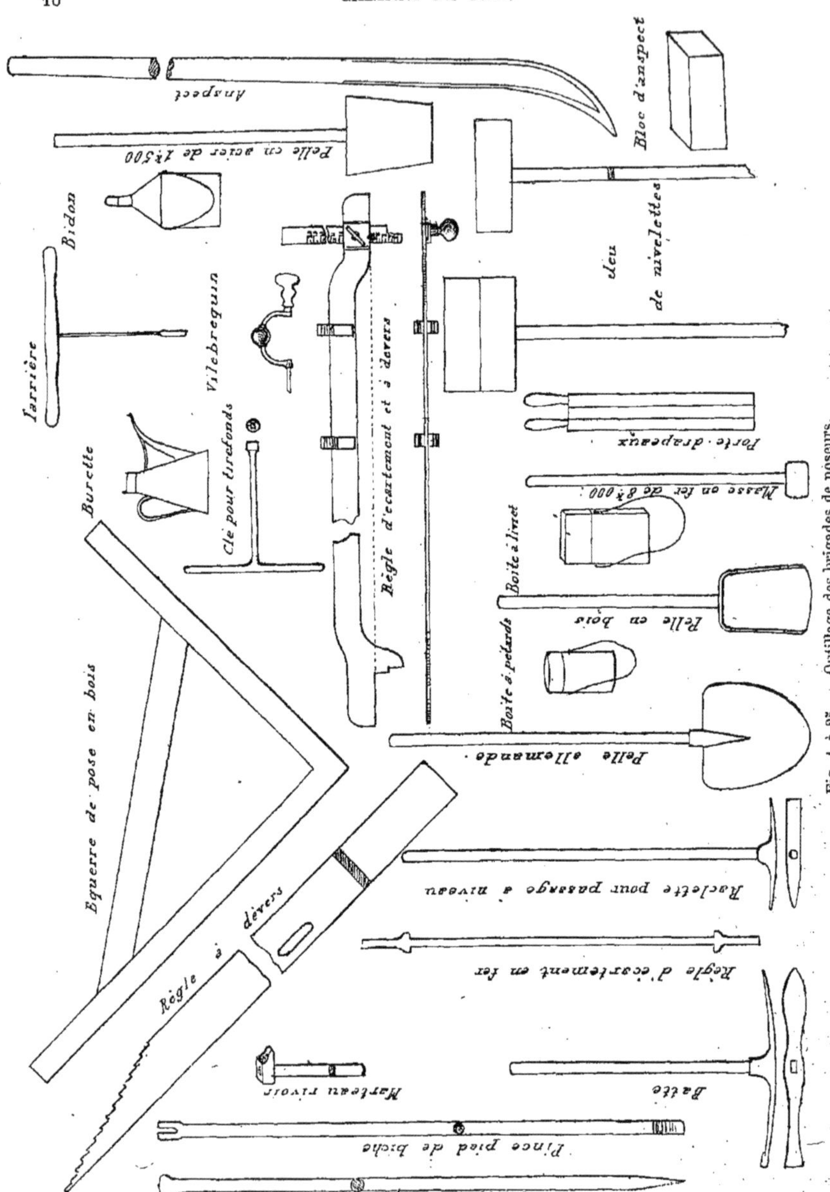

Fig. 1 à 25. — Outillage des brigades de poseurs.

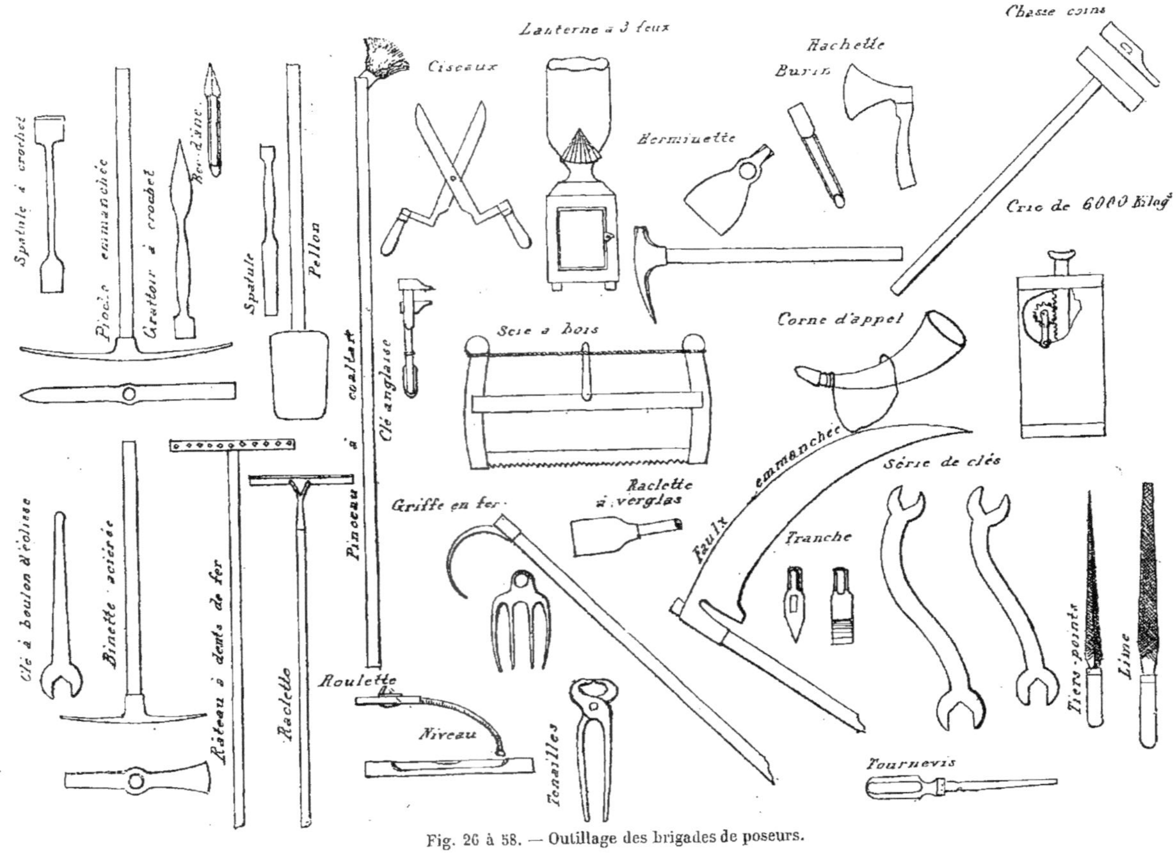

Fig. 26 à 58. — Outillage des brigades de poseurs.

à trois couleurs, pétards, cornes d'appel et objets nécessaires pour faire les signaux. Les poseurs doivent être, en outre, porteurs des divers règlements qui les intéressent.

25. *Responsabilité de l'outillage.* — Les chefs poseurs et brigadiers qui ont la responsabilité de l'outillage de leurs brigades doivent veiller à ce que ce dernier soit toujours parfaitement entretenu, non seulement au point de vue de l'outil lui-même, mais au point de vue de la plus élémentaire propreté. Tous les outils doivent être débarrassés, après le travail, du cambouis, de la boue, de la rouille qui ont pu s'y accumuler, et frottés avec des chiffons gras. Les lanternes, en particulier, à cause de l'huile, doivent être l'objet de soins spéciaux et toujours prêtes à servir.

Les gros instruments exigent un peu moins de soins, mais doivent cependant être toujours tenus propres et prêts à être employés.

Quant à l'entretien proprement dit, il se fait soit dans les ateliers de la Compagnie en concentrant en un point donné tout l'entretien d'une région, soit par les ouvriers spéciaux des localités traversées.

26. *Prescriptions de sécurité.* — Lorsqu'un atelier de pose ou de réparation s'installe sur un point quelconque d'un chemin de fer en exploitation, il faut naturellement assurer la sécurité des travailleurs en même temps que celle des trains.

Nous donnons ci-dessous un extrait de l'ordre général en vigueur sur le chemin de fer d'Orléans et approuvé par décision ministérielle du 29 mai 1869, au sujet de la protection de la voie aux points où existent des équipes de pose ou de réparation.

Art. 5. — Si l'exécution des travaux doit rendre la circulation des trains momentanément impossible sur un point du chemin, ce point est d'abord couvert par un signal ou par deux signaux d'arrêt, suivant qu'on se trouve en double voie ou en voie unique. Ces signaux sont placés à une distance de 800 mètres du point à protéger, conformément aux dispositions de l'ordre général des signaux, et ce n'est qu'après s'être assuré qu'ils sont convenablement établis que le chef d'équipe laisse procéder à l'exécution du travail.

Cette prescription est absolue, et il doit être bien entendu que sous aucun prétexte une équipe ne peut couper une voie avant que le chef d'équipe ou celui qui le remplace ait la certitude que la voie est couverte. Il s'assure de ses propres yeux si le point où doit être placé le signal est visible du chantier. Si, au contraire, ce point est masqué, il s'avance jusqu'à ce qu'il aperçoive le signal en place où il attend le retour de celui qui l'a placé. Le poseur qui a placé le signal ne doit, d'ailleurs, jamais le quitter sans l'appuyer de deux pétards placés sur les rails à des points différents.

Les signaux d'arrêt doivent être également faits à distance convenable par les équipes toutes les fois que les voies se trouvent obstruées pour une cause quelconque.

Si, par suite des travaux en cours d'exécution, ou en raison de l'état de la voie, une partie du chemin ne doit être parcourue qu'avec une vitesse réduite, ce ralentissement sera indiqué par deux drapeaux verts pendant le jour et deux lanternes vertes pendant la nuit, placés à 500 mètres de chacune des extrémités de cette partie du chemin.

27. *Lorrys.* — On met généralement à la disposition des brigades de poseurs, qui entretiennent la voie, de petits wagonnets ou trucks poussés à bras d'hommes et qu'on appelle des lorrys.

Ces wagonnets constituent naturellement, sur les voies d'exploitation, des obstacles dangereux pour la circulation des trains courants et qui exigent des précautions particulières.

D'après les règlements de la plupart des Compagnies, lorsqu'un de ces petits véhicules circule ou stationne sur une voie principale, un employé, muni des signaux nécessaires, doit se tenir constamment à 800 mètres et quelquefois même à 1 500 mètres sur les lignes en pente, à l'arrière du lorry, pour arrêter tout train ou toute locomotive qui se présenterait sur la même voie.

Ces wagonnets ne doivent jamais être employés la nuit ni en temps de brouillards et leur usage est exclusivement réservé aux besoins du service. Les hommes n'ont pas le droit de s'en servir pour le transport de leurs objets personnels. Cette dernière mesure a été prise à la suite d'accidents.

Sur les lignes à voie unique, le lorry peut marcher indifféremment dans les deux sens, à la seule condition d'être précédé ou suivi d'un homme chargé de faire les signaux à la distance réglementaire.

En principe, les règlements prescrivent d'enlever le lorry des voies, ce que son faible poids permet de faire, au moins quinze minutes avant l'heure du passage des trains. En pratique, le lorry est immédiatement culbuté en dehors des rails dès qu'un train est signalé sur la voie qu'il occupe.

Ce véhicule arrivant dans une gare ne doit pas y circuler sans qu'on en ait demandé la possibilité au chef de gare.

28. *Approvisionnements de matériaux.* — Les matériaux nécessaires à l'entretien courant de la voie sont approvisionnés en dépôts tout le long de la ligne ; les conditions d'approvisionnements, de répartition et d'emploi de ces matériaux, et notamment du ballast, des traverses, des rails, des coussinets, etc., et des diverses pièces du matériel de la voie, sont l'objet d'instructions détaillées dans toutes les Compagnies.

D'après ces instructions, le personnel doit veiller avec soin à ce qu'il ne soit pas déposé trop près des voies des matériaux pouvant présenter un obstacle à la libre circulation des trains. Les agents doivent également écarter des abords des voies les matières inflammables qui pourraient constituer un danger.

Primitivement, les Compagnies déposaient tous les matériaux nécessaires à l'entretien de la voie au plus près du travail à exécuter sur les accotements du chemin de fer. Le soir, en s'en allant, les ouvriers abandonnaient eux-mêmes sur leur chantier tout ce qui n'avait pas été utilisé dans la journée.

A l'occasion d'une tentative de déraillement essayée à l'aide d'un coussinet en fer placé en travers de la voie, le Ministre des Travaux publics adressa aux Compagnies une circulaire datée du 17 octobre 1863, par laquelle il enjoignait de donner aux agents de tous grades des instructions afin que tous les outils ou matériaux nécessaires, soit à la construction, soit à la réfection des voies, fussent soigneusement enlevés, lorsque les ouvriers quittent le chantier, afin d'enlever aux malfaiteurs tous les objets qui pourraient les aider à commettre leurs actes de malveillance.

Il recommandait spécialement, dans une dépêche spéciale du 30 mars 1864, au chemin de fer de Lyon :

1° De réunir les rails destinés à l'entretien dans un nombre déterminé de dépôts où ils seraient placés entre des poteaux à coulisses et maintenus par des boulons cadenassés (V. tome II, Superstructure, du présent Traité);

2° D'enchaîner les traverses qui ne pourraient être enterrées.

Dans une instruction spéciale, il est prescrit que les matériaux doivent être déposés, rangés ou étalés à $1^{m},50$ au moins en dehors des rails et de l'entre-voie avec un talus d'au moins deux de base pour un de hauteur du côté des rails.

Toutefois, le ballast peut être déposé sur l'entre-voie et sur les accotements à une distance moindre, mais toujours de manière à ne pas être atteint par les marchepieds du matériel roulant.

Par un ordre général du chemin de fer d'Orléans, approuvé pour le service des poseurs par décision ministérielle du 29 mai 1869, il est prescrit aux chefs d'équipe et aux poseurs (art. 5) de veiller à ce que les matériaux et les outils déposés sur les voies ne puissent être atteints ni par les cendriers des locomotives, ni par leurs bielles, ni par les marchepieds des véhicules. A cet effet, ils ne doivent pas perdre de vue, nous le répétons, que les marchepieds dépassent extérieurement les rails de $0^{m},90$, et que, pour certaines machines, les cendriers et les bielles descendent à peu près au niveau du rail.

En exécution de ces prescriptions ministérielles, les instructions données sur la plupart des lignes se résument ainsi :

1° Les rails en approvisionnement doivent être rangés le long de l'accotement, près des poteaux kilométriques, autant que possible en bas du ballast;

2° Les traverses doivent, quand cela est possible, être enterrées dans le ballast, à proximité des poteaux kilométriques, les coussinets restant visibles ; enfin, elles doivent être rangées à côté des rails ;

3° Les coussinets, coins, chevillettes, tirefonds, éclisses, boulons et autres matériaux portatifs doivent être déposés et renfermés avec soin dans les maisons de garde, dans les maisonnettes servant d'abri aux poseurs, ou bien encore, si les maisons et maisonnettes sont situées à une trop grande distance, dans des coffres établis près des poteaux kilométriques et évidemment fermés à clef. On ne devra sortir ces matériaux de leur dépôt que pour les besoins de l'entretien, et ceux que l'on retirera des voies par suite de leur remplacement devront être immédiatement resserrés et renfermés jusqu'à leur enlèvement définitif ;

4° Les ouvriers poseurs et autres ne doivent jamais laisser d'outils sur les voies après leur travail ; ils sont tenus, à peine de punition, d'emporter ces outils ou de les renfermer, comme il vient d'être dit, dans les maisons de gardes, maisonnettes de poseurs ou coffres.

« Quant aux matériaux approvisionnés pour la réfection ou l'éclissage des voies, ou provenant de ces opérations, ils se trouvent toujours en quantités trop considérables pour qu'il soit possible de leur appliquer les dispositions ci-dessus prescrites ; on devra néanmoins enlever autant que possible tous les matériaux provenant de la voie ; les ouvriers, après leur travail, devront emporter et renfermer leurs outils dans des lieux convenables, et les agents chargés de la direction de ces travaux établiront la nuit, pendant l'absence des ouvriers, un ou plusieurs gardes qui devront veiller à ce qu'aucune personne étrangère au service ne s'introduise sur les chantiers.

« Ces dispositions devront être imposées aux entrepreneurs qui pourraient être chargés de l'exécution desdits travaux. » (Instruction spéciale.)

29. *Commandes de matériel.* — Les commandes des objets de toutes sortes : voies, boulons, tirefonds, éclisses, traverses, etc., qui composent le matériel des voies, sont effectuées par un service central.

La réception est faite dans les services ou sur les chantiers par des contrôleurs ou agents réceptionnaires qui procèdent aux essais exigés par le cahier des charges imposés aux fournisseurs.

On rattache ordinairement au matériel des voies les installations pour alimentation d'eau, les canalisations pour le gaz, les chantiers d'injections et de créosotage pour les traverses, etc.

ENTRETIEN DE LA PLATE-FORME.

30. *Écoulement des eaux.* — La première généralité de la plate-forme de la voie est la stabilité ; or, cette stabilité dépend principalement de l'assainissement qu'il faut soigner d'une manière particulière, en assurant constamment l'écoulement de l'eau dans les fossés. Il y aura donc lieu, en dehors de l'entretien normal de la plate-forme au profil rationnel qui lui a été donné par la construction, de maintenir les fossés à leurs dimensions en largeur et en profondeur, car ils ont toujours tendance à se combler. Donc, pour y rendre plus facile l'écoulement des eaux et maintenir la pente du plafond, il faut avoir bien soin d'en arracher les herbes. Les fossés latéraux doivent être maintenus constamment bien parallèles à la voie et leurs arêtes réglées au cordeau.

Pour prévenir, autant que possible, à l'avance les mauvais effets des grandes pluies, des neiges, etc., les ouvriers chargés de l'entretien doivent, avant l'hiver, assurer l'écoulement facile des eaux par un nettoyage approfondi des fossés et des ouvrages d'art spéciaux : aqueducs, dallots, ponceaux, etc.

La chute des feuilles est particulièrement à redouter en automne ; non seulement elles comblent les fossés, mais elles s'accumulent dans les tranchées et déposent sur le rail une boue grasse qui atténue dans une grande proportion l'adhérence et peut même la supprimer complètement. De même l'action des freins pourrait être sérieusement compromise. Les poseurs doivent immédiatement enlever les feuilles au fur et à mesure qu'elles tombent sur les rails.

31. *Talus.* — Quant aux talus, nous avons, dans le tome Ier, donné en détail les moyens employés pour les consolider. Le service de l'entretien a des soins tout particuliers à apporter à ces talus et à leurs moyens de consolidation, afin d'empêcher qu'ils ne soient ruinés par les pluies. On sait que ces moyens de consolidation consistent en semis, plantations, gazonnements et perrés. Ces derniers, qui coûtent toujours fort cher, ne doivent être employés que lorsqu'il est impossible de faire autrement.

Les semis exigent un terrain meuble sur une épaisseur d'au moins 0m,10, et par suite une inclinaison moindre que celle du talus naturel à 45 degrés. Les plantations au contraire peuvent être faites dans des terrains maigres et non ameublis, dans des talus inclinés à 45 degrés et même au dessous.

Les meilleurs semis sont : le chiendent, le genêt, la pimprenelle pour les terrains maigres et secs ; comme plantations, l'acacia. Dans les sols argileux, la luzerne, le trèfle, l'ajonc.

Voici, par hectare, les quantités nécessaires de ces différents semis avec leurs prix de revient :

	QUANTITÉS en kil.	PRIX du kil.
Graines de chiendent....	60	2f,00
Luzerne................	25	2 ,20
Trèfle..................	20	1 ,70
Pimprenelle............	30	7 ,00
Genêt..................	50	1 ,50
Ajonc..................	10	2 ,00
	en mille	du cent
Plants d'acacias âgés d'un an	50 à 60	1f,00
Plants d'aulnes.........	50 à 60	1 ,50
Plants d'aubépine.......	60 à 70	1 ,50

32. *Enlèvement des herbes des talus.* — Les herbes qui recouvrent les talus sont généralement vendues à des industriels spéciaux. Dans le cas contraire, la Compagnie est obligée de les couper elle-même et de s'en débarrasser, et quelquefois de les brûler.

Le personnel chargé de la coupe et de l'enlèvement de ces herbes n'est autorisé à entrer dans l'enceinte du chemin de fer que le temps strictement nécessaire à faire sa récolte, et par le passage à niveau le plus voisin.

La circulation des hommes ne pourra avoir lieu sur la voie qu'en se tenant constamment sur l'accotement et en dehors des heures des passages des trains. Si un train est néanmoins annoncé, tous doivent se précipiter sur le talus le plus voisin et y rester jusqu'après le passage du train.

Tout dépôt d'herbes, d'outils, ustensiles quelconques, est formellement interdit sur la voie ou sur les banquettes, comme pour tous dépôts en général.

33. *Entretien des ouvrages d'art.* — D'après une décision ministérielle du 12 mai 1865, prise au sujet d'un différend avec la Compagnie de Lyon, les ponts par-dessus et par-dessous la voie, ainsi que leurs tabliers et leurs garde-corps font partie des dépendances du chemin de fer et doivent être entretenus aux frais de la Compagnie. Il ne peut être fait d'exception que pour l'entretien des *chaussées* proprement dites, qui sont à la charge du service compétent.

Les compétitions qui pourraient ressortir de ce fait entre les Compagnies et les autorités locales sont, comme d'ordinaire, du ressort des Conseils de préfecture (Arrêt du Conseil d'État du 20 juillet 1854).

Cependant certains ouvrages ne sont pas destinés à former partie intégrante de la voie ferrée, comme les ouvrages prescrits en dehors ou par extension des conditions du cahier des charges, pour assurer le maintien de la navigation et de l'écoulement des eaux. Dans ce cas, l'entretien en incombe au service compétent après qu'on lui en a fait la remise officielle.

34. *Ouvrages d'art métalliques.* — Les ouvrages métalliques exigent des soins spéciaux. Ils doivent être visités deux fois par an comme les autres, à l'époque des grandes pluies de printemps et d'automne, par les chefs de district et les poseurs de la voie. On examinera avec soin tous les assemblages de manière à voir s'ils n'ont pas souffert de la dilatation ; on verra s'il n'y a aucune déformation, si les sabots et plaques de friction sont bien restés en place, si les sommiers ne sont pas descellés, si tous les rivets et boulons sont en bon état, et enfin si l'oxydation n'a pas compromis quelque organe essentiel ou n'a pas tendance à faire quelques progrès inquiétants entraînant des détériorations importantes, etc.

35. *Ouvrages voûtés. Tunnels.*— Dans les lignes de montagne, les ouvrages voûtés, et en particulier les tunnels, sont sujets à présenter des stalactites de glace résultant de l'écoulement goutte à goutte des eaux ordinaires, comme le font les eaux calcaires des cavernes. Ces stalactites peuvent acquérir, à la longue, une certaine importance, jusqu'à 2 mètres de long, et devenir un danger surtout en cas de chute brusque. Les agents devront se munir de perches pour briser ces stalactites avant le passage des trains.

M. Martial, chef de section aux chemins de fer de l'État, indique un moyen très ingénieux employé par lui sur la ligne de Clermont-Tulle pour éviter ces stalactites que l'on ne détache pas toujours facilement

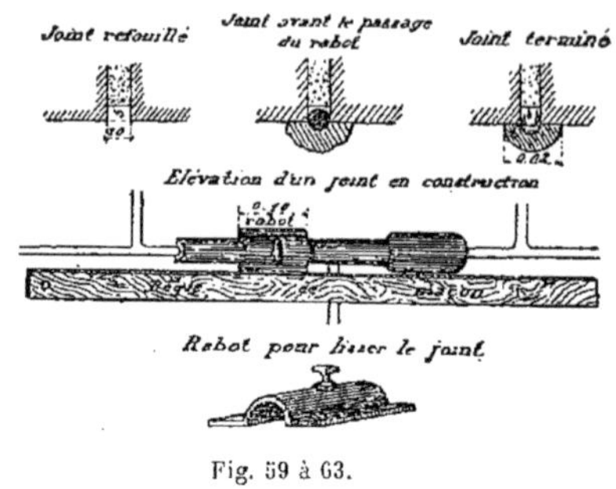

Fig. 59 à 63.

avec une perche. Il cherche, pour cela, à ramener toutes les eaux de la voûte vers les piédroits. Il y parvient en faisant des

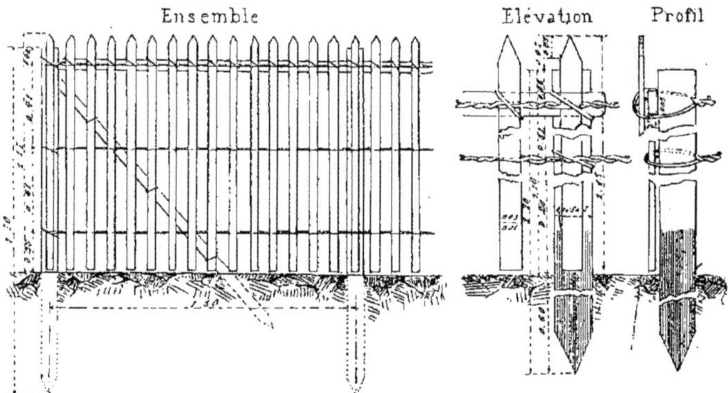

Fig. 64 à 66. — Clôture ordinaire en bois.

joints creux en ciment dans toute la partie humide de la voûte.

« Pour cela, dit-il dans son *Carnet du Poseur*, nous prenions une corde en caoutchouc de 1 centimètre de diamètre et de 1 mètre de longueur, et nous l'engagions dans les joints de la maçonnerie préalablement refouillés sur 8 millimètres de profondeur (*fig.* 59 à 63). Cette corde était ensuite recouverte d'un enduit en ciment de 5 à 7 millimètres d'épaisseur. Aussitôt que cet enduit avait acquis suffisamment de consistance, on retirait la corde en caoutchouc dont la grosseur, diminuée en raison de la résistance éprouvée, facilitait la sortie, et le joint creux se trouvait ainsi fait. Pour donner à la surface de ce joint une surface régulière, on y passait un petit rabot en tôle (*fig.* 63), en le faisant courir le long d'une règle de maçon jusqu'à ce qu'il présentât une forme demi-cylindrique parfaitement unie. On renouvelle successivement cette opération sur tous les points de la portion de voûte où l'on a remarqué des suintements, en commençant par les joints verticaux, et l'on arrive à avoir fait de tous les joints un réseau de petits canaux qui ramènent les eaux contre les piédroits de la voûte. »

36. *Maisons de garde.* — Les maisons de garde et leurs jardins font partie intégrante du domaine des chemins de fer et sont séparés de la voie publique par des clôtures ou des treillages spéciaux.

Leur entretien est donc soumis, au même titre que celui des autres ouvrages de la voie, à la surveillance du Ministre et du service du Contrôle.

Par application de l'article 61 de l'ordonnance du 9 novembre 1866, la présence d'animaux dans les cours ou jardins des maisons de garde est interdite.

37. *Clôtures.* — L'entretien des clôtures, haies, treillages, barrières, etc. (*fig.* 64 à 68, *Carnet du Poseur*), est généralement confié à des entrepreneurs spéciaux. La dépense annuelle d'entretien et de renouvellement peut être évaluée au maximum à 0f,15 par mètre courant de voie.

Le bon entretien des clôtures est prescrit, comme le reste, par l'article 30 du cahier des charges.

Les haies vives sont soumises à l'élagage et à l'échenillage annuels, opérations qui doivent avoir lieu chaque printemps avant le 20 mars. Les bourses et toiles de chenilles enlevées doivent être brûlées aussitôt après l'opération avec les précautions nécessaires pour prévenir tout accident.

Les lois du 26 ventôse an IV et 21 mai 1836, et le décret du 16 décembre 1811, rappelés par les circulaires ministérielles des 19 décembre 1848 et 14 mars 1849, ont prescrit cet échenillage annuel des haies vives.

38. *Haies vives et clôtures sèches.* — L'entretien des clôtures sèches est généralement fort simple, puisqu'il consiste à remplacer les piquets brisés ou échalas pourris et à fermer les brèches. Dans les haies vives il n'en est pas de même, et la haie a même quelquefois besoin d'être remplacée, soit parce que le terrain dans lequel elle a été plantée ne lui est pas favorable, soit parce que les soins ont été insuffisants.

L'entretien de ces clôtures sèches ou des haies vives est fait par les poseurs de la voie ou par des entrepreneurs spéciaux.

La plantation doit se faire en automne ou en hiver, à l'exception des temps de gelée; préalablement et avant la mise en terre, les plants doivent être coupés en bec de flûte à 6 ou 7 centimètres au-dessus du collet des racines. On coupe en

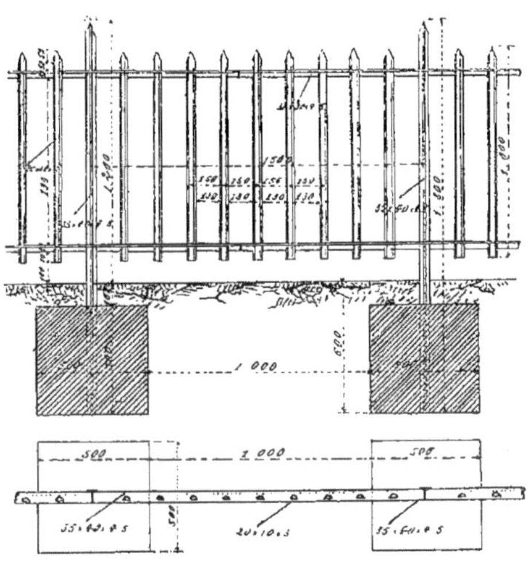

Fig. 67 et 68. — Clôture métallique.

outre au sécateur toutes les racines meurtries. Le terrain doit être défoncé sur 1 mètre de largeur et 0m,50 à 0m,60 de profondeur; la terre, parfaitement ameublie, doit être retournée à la bêche et complètement débarrassée des cailloux et des racines au moyen du râteau.

On trace ensuite au cordeau un sillon de 0m,15 de profondeur, et l'on y dépose les plants sur deux rangs en file ou en quinconce, de manière qu'il y ait toujours une distance de 0m,12 à 0m,15 d'un pied à l'autre; on les recouvre ensuite de terre en prenant les racines *à la main*, sans toutefois contrarier leur direction. Il est absolument interdit de se servir du plantoir ou de tout autre instrument.

39. Lorsqu'une partie de haie dépérit malgré des soins réguliers, cela ne peut provenir que de la mauvaise qualité du terrain. Si le terrain est trop maigre, il faut l'enrichir en y apportant de la bonne terre végétale. D'autres fois, le terrain peut être de bonne qualité, mais trop humide, il faut alors l'assainir, ou se décider à planter un végétal qui s'en accommode, comme l'osier.

Le dépérissement peut provenir aussi tout simplement de la vieillesse des plants. On les coupe alors tout près du sol; les bourgeons qui pousseront l'été suivant serviront à former une nouvelle haie.

40. Les haies exigent par an deux binages de 1 mètre de largeur, et $0^m,08$ à $0^m,10$ de profondeur, un en mars et l'autre en août. Il faut avoir bien soin de détruire toutes les herbes parasites, sans endommager les racines des haies; le meilleur outil pour accomplir ce travail est le trident.

Il ne faut procéder à la taille des haies que l'hiver, lorsque la végétation est arrêtée; on ne pratique des tailles l'été que lorsque la haie se développe trop en hauteur; il y a alors une poussée de sève qui contribue au développement de la haie en largeur.

L'instrument le plus commode pour la taille des côtés est la serpe; pour le dessus ce sont les ciseaux.

Voie proprement dite.

41. *Visite de la voie.*— En dehors des tournées d'inspection journalière, la voie exige des réparations périodiques et spéciales; ainsi, une voie âgée de plus de quatre ans demande à être visitée minutieusement et remise en parfait état sur toute la longueur du canton; cette opération doit être commencée au printemps, en mars ou avril et terminée avant l'hiver, autant que possible avant le mois d'octobre. Cela n'empêche pas, bien entendu, les brigades de se porter d'urgence sur un point déterminé, en cas de réparation locale indispensable.

On commence par dégarnir de ballast les rails et les traverses. On vérifie soigneusement l'état de celles-ci, spécialement au droit des entailles du sabotage, des tirefonds, etc. Lorsque le ballast est composé de pierres cassées, et que ce dégarnissage serait long et pénible, on peut se dispenser de procéder à cette opération dans les parties où le bourrage, le dressage et le nivellement sont irréprochables. On se contente de dégarnir d'une manière suffisante pour inspecter l'état des traverses et de leurs attaches et y faire toutes les réparations nécessaires.

Ces réparations consistent à changer les traverses hors de service, ou celles qui ne passeraient pas l'année. On refait les entailles défectueuses sur celles qui restent au moyen de l'herminette.

On remplace les tirefonds hors de service; ceux qui ont pris du jeu sont placés dans de nouveaux trous, et les anciens trous bouchés avec des chevilles en bois. On remplace également les boulons d'éclisses dont les filets sont usés.

Enfin, on procède au dressage en grand, à la mise au profil et au bourrage de la nouvelle voie, le tout avec le plus grand soin, puis on regarnit à nouveau de ballast; ce dernier est débarrassé de ses herbes et de ses racines, puis on le règle et on en dresse les arêtes avec soin.

Entretien de la voie.

42. *Gelées. Verglas.* — Le verglas doit s'enlever du rail avec une raclette spéciale. Lorsque ce procédé est insuffisant, on saupoudre les rails de sable, surtout sur les fortes rampes où la locomotive a plus d'efforts à faire pour avancer; on prend d'ailleurs la même précaution en temps de brouillard pour éviter le patinage des roues des véhicules.

Avant les gelées, il faut en outre dégager le ballast à l'intérieur des rails, de manière à éviter la production de bourrelets qui pourraient gêner le passage des boudins des roues.

Enfin, on aura soin d'éviter les congélations des grues hydrauliques des conduites d'eau non suffisamment enterrées, des bornes-fontaines, vannes, robinets, etc., en les enveloppant de paille tressée ou de foin, suivant que les objets sont apparents ou non.

43. *Neige.* — En temps de neige, celle-ci s'accumule de préférence dans certains endroits et particulièrement dans les tranchées où elle peut rapidement obstruer complètement la circulation. Dans ce cas, les poseurs doivent circuler sur les voies, même la nuit, munis de tous les instruments nécessaires pour dégager les rails.

On commence par dégager les rails et les appareils, puis les voies, les entre-voies et enfin les accotements, en ayant soin, si le temps continue à être menaçant, de jeter les neiges en dehors de la plate-forme, dans les fossés ou sur les remblais.

Sinon ces amoncellements factices des neiges enlevées des voies serviraient, en cas de nouvelles tourmentes, de noyaux pour des accumulations dangereuses, la neige s'amoncelant avec une incroyable facilité sur le moindre obstacle.

Si la tempête de neige est importante et prolongée, les poseurs ne suffisent plus pour l'enlever, et il faut donc recourir à des moyens spéciaux. On commence par embrigader des hommes supplémentaires que l'on trouve facilement dans la campagne à cette époque de l'année. Enfin, on emploie des machines chasse-neige que nous verrons plus loin.

44. *Voie.* — L'entretien de la voie et des appareils accessoires a naturellement pour but de remplacer les matériaux usés ou avariés et de maintenir dans leur position normale tous les éléments qui entrent dans la composition de cette voie et des appareils accessoires.

Par suite, en dehors du remplacement obligatoire des objets hors de service, une partie importante de l'entretien consiste à maintenir la voie dans sa position normale aussi bien en plan qu'en profil. Il

Tracé des courbes au cordeau par cordes et flèches (formule $f = r - \sqrt{r^2 - y^2}$ *dans laquelle* r *est le rayon,* y *la* $\frac{1}{2}$ *corde et* f *la flèche).*

RAYON DES COURBES	FLÈCHES POUR 2 LONGUEURS DE RAILS		FLÈCHES POUR 3 LONGUEURS DE RAILS		FLÈCHES POUR 4 LONGUEURS DE RAILS	
	de 5m,50	de 11m,00	de 5m,50	de 11m,00	de 5m,50	de 11m,00
200	0.076	0.302	0.170	0.682	0.302	1 209
250	0.061	0.242	0.136	0.545	0.242	0.967
300	0.050	0.202	0.113	0.454	0.202	0.806
350	0.043	0.173	0.097	0.389	0.173	0.691
400	0.038	0.151	0.085	0.340	0.151	0.605
450	0.034	0.134	0.076	0.302	0.134	0.538
500	0.030	0.121	0.068	0.272	0.121	0.484
600	0.025	0 101	0.057	0.227	0.101	0.403
700	0.022	0.086	0.049	0.194	0.086	0.346
800	0.019	0.076	0.043	0.170	0.076	0.302
900	0.017	0.067	0.038	0.151	0.067	0.269
1 000	0.015	0.061	0.034	0.136	0.061	0.242
1 100	0.014	0.055	0.031	0.124	0.055	0.220
1 200	0.012	0.051	0.028	0.114	0.051	0.202
1 300	0.012	0.047	0.026	0.105	0.047	0.186
1 400	0.011	0.043	0.024	0.097	0.043	0.173
1 500	0.010	0.041	0.023	0.091	0.041	0.161
1 600	0.009	0.038	0.021	0.085	0.038	0.151
1 700	0.009	0.036	0.020	0.080	0.036	0.142
1 800	0.008	0.034	0.019	0.076	0 034	0.134
1 900	0.008	0.032	0.018	0.072	0.032	0.127
2 000	0.008	0.030	0.017	0.068	0.030	0.121
2 500	0.006	0.024	0.014	0.054	0.024	0.097
3 000	0.005	0.020	0.011	0.045	0.020	0.081
3 500	0.004	0.017	0.010	0.039	0.017	0.069
4 000	0.004	0.015	0.009	0.034	0.015	0.061
5 000	0.003	0.012	0.007	0.027	0.012	0.048

Tracé des entrées et sorties des courbes par abscisses et ordonnées correspondantes aux longueurs des rails.

RAYON DES COURBES	ORDONNÉES							
	RAILS DE 5m,50				RAILS DE 11m,00			
	au 1er joint	au 2e joint	au 3e joint	au 4e joint	au 1er joint	au 2e joint	au 3e joint	au 4e joint
200	0.076	0.302	0.680	1.209	0.302	1.209	2.725	4.840
250	0.061	0.242	0.545	0.967	0.242	0.967	2.180	3.872
300	0.050	0.202	0.454	0.806	0.202	0.806	1.813	3.226
350	0.043	0.173	0.389	0.691	0.173	0.691	1 554	2.762
400	0.038	0.151	0.340	0.605	0.151	0.605	1.356	2.417
450	0.034	0.134	0.302	0.538	0.134	0.538	1 209	2.150
500	0.030	0.121	0.272	0.484	0.121	0.484	1.089	1.928
600	0.025	0.101	0.227	0.403	0 101	0.403	0.907	1.612
700	0.022	0.086	0.194	0 346	0.086	0.346	0.777	1.382
800	0.019	0.076	0.170	0.302	0.076	0.302	0.681	1.209
900	0.017	0.067	0.151	0.269	0.067	0.269	0.605	1.075
1 000	0.015	0.061	0.136	0.242	0.061	0.242	0.544	0.968
1 100	0.014	0.055	0.124	0.220	0.055	0.220	0.499	0.880
1 200	0.012	0 051	0.114	0.202	0.051	0.202	0.454	0.807
1 300	0.012	0.047	0.105	0.186	0.047	0.186	0.419	0.744
1 400	0.011	0.043	0.097	0.173	0.043	0.173	0.389	0.692
1 500	0.010	0.041	0.091	0.161	0.041	0.161	0.363	0.645
1 600	0.009	0.038	0.185	0.151	0.038	0.151	0.340	0.605
1 700	0.009	0.036	0.080	0.142	0.036	0.142	0.320	0.569
1 800	0.008	0.034	0.076	0.134	0.034	0.134	0.303	0.538
1 900	0.008	0.032	0 072	0.127	0.032	0.127	0.286	0.509
2 000	0.008	0.030	0.068	0.121	0.030	0.121	0.272	0.484
2 500	0.006	0.024	0.054	0.097	0.024	0.097	0.217	0.387
3 000	0.005	0.020	0.045	0.081	0.020	0.081	0.181	0.323
3 500	0.004	0.017	0.039	0.069	0.017	0.069	0.155	0.276
4 000	0.004	0.015	0.034	0 061	0.015	0.061	0.136	0.242
5 000	0.003	0.012	0.027	0.048	0.012	0.048	0.109	0.194

faut donc constamment, par des dressages et des relevages, maintenir les rails dans leur position par rapport à l'axe du chemin de fer et à la hauteur exigée par le profil en long.

45. *Dressage.* — Le dressage est la première de ces opérations : il consiste à ramener horizontalement les rails dérangés de leur position normale.

Le défaut se voit facilement à la déformation de l'alignement ou de la courbe. On commence alors par mettre à nu, en enlevant le ballast, les rails et les traverses intéressés avant de déplacer dans leur plan, c'est-à-dire de *riper* les rails, car sans cela on déconsoliderait toutes les attaches.

Puis les poseurs, armés chacun d'une pince, procèdent à ce ripage par mouvements successifs de leviers, tandis que leur chef, qui s'est porté à une certaine distance, les arrête ou leur fait signe de continuer, selon que le défaut est ou n'est pas complètement réparé. On replace ensuite le ballast en le bourrant avec soin.

En courbe, il faudra construire la courbe par points en se servant de tableaux préparés à l'avance ; la méthode par abscisses et ordonnées pourra s'employer quelquefois. Le plus souvent, sur un talus, on sera gêné pour les chaînages et l'on préférera la méthode par cordes et flèches. Suivant les cas et la longueur des rails employés, on fera usage d'un tableau analogue aux deux tableaux des pages 19 et 20 (M. Martial).

46. *Relevage de voies.* — Quand il s'agit de relever la voie, le travail est toujours un peu plus délicat que celui du dressage et peut présenter deux cas :

Ou bien le relevage est peu de chose et ne concerne guère que quelques travaux isolés. Le chef poseur ou brigadier peut alors faire faire le travail lui-même d'urgence, après avoir pris les précautions voulues relativement aux signaux ; mais s'il s'agit du relevage de toute une file de rails affaissés par suite du tassement du ballast ou de la plate-forme, le chef de district, et même le chef de section doivent intervenir eux-mêmes, prendre les mesures nécessaires, procéder à un nivellement général et indiquer par des piquets plantés sur l'accotement le niveau du rail relevé. Ce niveau est plus exactement indiqué encore au moyen d'une pointe plantée sur le piquet.

Cela posé, les brigades de poseurs entrent en action et commencent, comme toujours, par dégarnir de ballast toutes les traverses intéressées. Comme la dénivellation est rarement exempte d'un besoin préalable de dressage, on commence par remettre les traverses dans leur position normale en les ripant, puis on les soulève une à une avec l'anspect à quelques millimètres au-dessus du point indiqué par le piquet voisin, parce que les premiers trains qui passent ont pour effet de produire un tassement immédiat.

Il faut avoir bien soin de ne faire porter l'anspect que sous les traverses et jamais sous le rail, sous peine de s'exposer à une rupture, ou au moins à l'arrachement des attaches. En outre, on ne doit pas relever plus de 5 centimètres à la fois, et il est indispensable de répartir la dénivellation sur au moins deux longueurs de rails.

Quand la voie est placée au-dessus d'un ouvrage d'art, il faut laisser au moins 25 centimètres de ballast entre le dessous des traverses et la maçonnerie.

Il est bon également de conserver des distances un peu plus grandes que celles du gabarit de chargement entre le rail et la face intérieure des culées et des piles, l'extrados des voûtes ou le dessous des poutres.

Les deux files de rails étant relevées, on procède au bourrage des traverses, suivant les règles prescrites pour cette opération.

47. *Ballast.* — Comme nous l'avons vu dans le tome II, le ballast ne doit pas seulement être déposé sous les traverses, il doit encore être bourré, c'est-à-dire comprimé sous ces dernières de manière à acquérir une compacité suffisante pour ne pas se déplacer sous l'effet du passage des trains.

Pour que les travaux aient une excellente assiette, il faut que le bourrage soit faible au centre de la traverse, très énergique aux parties qui sont sous les rails, et plus caractérisé du côté opposé à l'arrivée des trains que de l'autre côté, excepté, bien entendu, dans le cas de voie unique, à moins qu'il n'y ait un courant de circulation plus intense dans une direction que dans l'autre.

Avec le temps et les remaniements qu'on lui fait subir, le ballast arrive à perdre sa perméabilité. Il devient terreux et les eaux séjournent à sa surface entre les deux files de rails en pourrissant les traverses.

Il faut alors procéder à un assainissement partiel au moyen de petites saignées pratiquées entre les traverses et reliées longitudinalement entre elles par des plans inclinés ramenant les eaux vers les points les plus bas des accotements. Ces rigoles doivent être d'autant plus multipliées que le ballast est plus mauvais.

48. *Resabotage des traverses.* — Le resabotage est l'opération la plus fréquente de l'entretien ; elle est due à l'usure des traverses à l'emplacement des coussinets, à la rupture de ces derniers, à l'ovalisation des trous des attaches, chevillettes ou tirefonds. Voici comment on procède à cette opération :

Comme toujours, on commence par dégarnir de ballast les traverses voulues, on enlève toutes les attaches du coussinet et du rail, c'est-à-dire les coins et les tirefonds et on retire le coussinet en le posant entre les traverses. On refait alors à l'herminette l'entaille à neuf ; on rebouche les anciens trous avec des chevilles en bois, et on goudronne le tout.

On replace ensuite le coussinet et ses attaches sur le rail et dans la position exigée par celui-ci si ces objets peuvent encore servir. Sinon, on les remplace par des neufs.

Puis, au moyen de la pince, on soulève la traverse jusqu'à ce qu'elle s'applique sous le coussinet ; puis on enfonce les tirefonds et les chevillettes après avoir bien rigoureusement contrôlé au gabarit l'écartement de la voie.

Il faut éviter de serrer trop fort les tire-fonds, car on risquerait de faire fendre les traverses, surtout lorsque celles-ci sont en bois tendre.

Le resabotage achevé, on met la voie au profil en relevant les traverses et nivelant le ballast au niveau voulu.

Remplacement du vieux matériel.

49. *Traverses.* — L'usure des traverses se fait par pourriture, et alors leur remplacement s'impose quand on ne peut plus les resaboter.

Pour cela, on les débourre et dégarnit de ballast, on retire les attaches qui les fixent au rail et on les enlève en les repérant bien par rapport à ce dernier au moyen d'un trait à la craie.

Les traverses neuves sont préparées à l'avance, comme nous l'avons dit à l'article *Approvisionnements;* on les fixe à leur place repérée en les faisant passer sous les rails, et on remet en place coussinets ou tire-fonds, s'ils peuvent encore resservir, après avoir toutefois vérifié à la règle d'écartement la largeur de la voie. En outre, on procède au relevage à hauteur voulue, et au bourrage.

50. *Prix des travaux d'entretien, des traverses et du ballast.* — La série de prix ci-dessous peut être considérée comme une moyenne applicable dans la plupart des cas aux travaux d'entretien de chemin de fer.

Sabotage pour rail à double champignon, pose des coussinets, passage des entailles au coaltar et coltinage dans un rayon de 60 mètres, le cent.......	14f,00
Déchargement de traverses sabotées avec arrimage par tas de sept sur le bord du talus, le cent....................	5 ,50
Rechargement de traverses sabotées ou non, le cent....................	5 ,00
Triage de vieilles traverses et désabotage, le cent..	5 ,00
Déchargement ou rechargement de longrines sabotées ou non, le cent....	8 ,00
Dégarnissage de voie simple dans le sable, le mètre courant..............	0 ,15
Dégarnissage de voie dans la pierre cassée, le mètre courant............	0 ,25
Dégarnissage de voie dans le ballast normal (sable mélangé de cailloux) le mètre courant......................	0 ,20
Règlement et remaniement de la première couche de ballast pour asseoir la voie à poser dans le sable, le mètre courant....................	0 ,10
Pour asseoir la voie dans la pierre cassée, le mètre courant............	0 ,15
Pour asseoir la voie dans le sable mélangé de pierre, le mètre courant..	0 ,12
Pose de voie avec premier bourrage permettant aux trains de circuler, le mètre courant......................	0 ,40
Regarnissage de voie avec du sable, le mètre courant....................	0 ,20
Regarnissage de voie avec de la pierre cassée, le mètre courant.......	0 ,30
Regarnissage de voie avec du sable mélangé de pierre, le mètre courant..	0 ,25
Relevage et barrage définitif y compris le dressage et l'entretien pendant un mois de la nouvelle voie, le mètre courant..........................	0 ,35
Règlement définitif du ballast y compris le règlement de la contre-banquette jusqu'à une largeur de $0^m,60$ du pied du talus du ballast, le mètre courant..........................	0 ,10
Criblage du ballast en pierre cassée pour en séparer la terre............	0 ,50
Dépose de voie avec rangement des matériaux sur les talus, le mètre courant..............................	

51. *Enlèvement des mauvaises herbes.* — Les règlements relatifs aux travaux de petit entretien à exécuter par les gardelignes prescrivent à ces derniers de détruire les herbes qui croissent sur le ballast.

Celles qui croissent sur le talus sont ordinairement enlevées par des tâcherons. Mais, dans aucun cas, les herbes de la voie ou des talus ne doivent être livrées au pacage des bestiaux, en application de l'article 2 de la loi du 15 juillet 1845, ainsi conçu:

« Art. 2. — Sont applicables aux chemins de fer, les règlements sur la grande voirie qui ont pour objet d'assurer la conservation des fossés, talus, levées et ouvrages d'art dépendant des routes, et d'interdire, sur toute leur étendue, le pacage des bestiaux et les dépôts de terre et autres objets quelconques. »

En outre, la question se complique ici, on le voit, d'une grosse responsabilité en cas d'accident.

Rails.

52. Comme nous l'avons dit en parlant de la superstructure, la durée des rails est variable et dépend non seulement de leur substance (on les fait aujourd'hui toujours en acier), mais du tracé et du profil de la ligne et du trafic qu'elle est appelée à supporter. Leur usure dépend aussi beaucoup de la pose qui peut être plus ou moins bien faite. On peut se rendre compte aisément par un temps sec de la bonne pose d'un rail et examinant le ruban poli que le passage des roues des wagons marque sur la surface du champignon, qui doit être continu, et de largeur constante. Un ruban irrégulier indique des défauts de pose qu'il faut rechercher et corriger au plus tôt.

L'usure du rail se manifeste d'abord par l'écrasement du champignon, écrasement qui commence vers les bouts pour gagner ensuite toute la longueur du rail ; il y a donc urgence à changer celui-ci de bout en bout et de mettre à l'intérieur de la voie le côté intact du champignon. Nous avons également dit dans notre tome II (Superstructure) ce que nous pensions du retournement du rail sens dessus dessous, quand c'est un rail à double champignon.

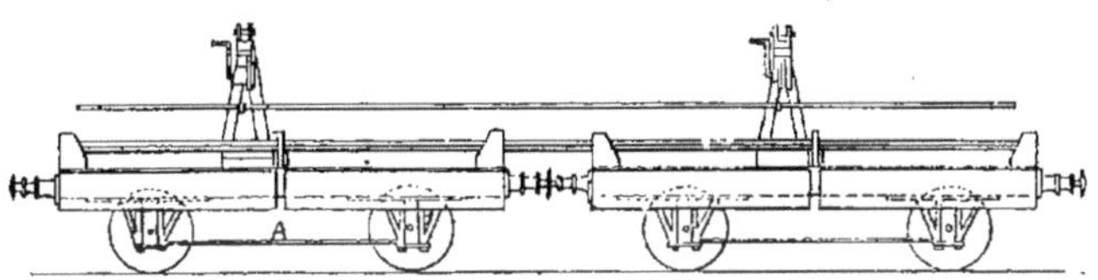

Fig. 69. — Chargeur de rails, système Guyenet (Cie d'Orléans).

Il y a lieu également, sur les déclivités accentuées, d'opérer la dépose et la pose des rails qui sont arrivés à se toucher en bout sous l'effet du roulement des trains. Sans cela, la dilatation ne pourrait plus se faire et il pourrait en résulter des déformations en plus très dangereuses pour la circulation. On fera bien, au moins provisoirement, de mettre des cales aux extrémités des rails ainsi exposés afin d'éviter le défaut de se reproduire avant que le rail ait bien repris son assiette. Il faut cependant enlever cette cale elle-même au bout d'un certain temps, car elle empêcherait à son tour la dilatation, particulièrement aux changements de saison.

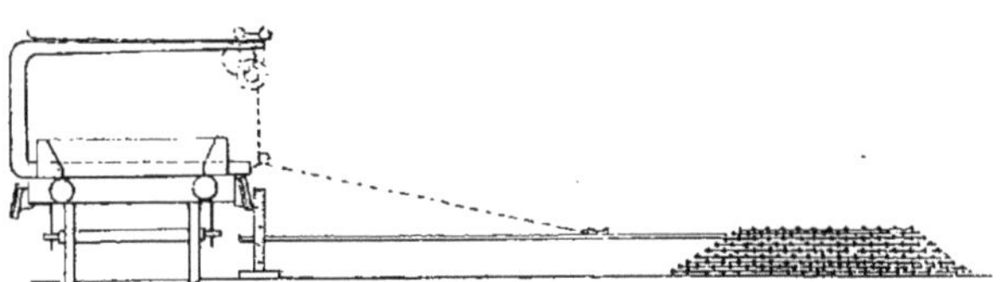

Fig. 70. — Chargeur de rails, système Guyenet (Cie d'Orléans).

Si ce défaut se présentait sur une grande longueur, il faudrait retirer plusieurs rails de longueur normale et les remplacer par les rails plus courts que l'on emploie dans les courbes ; mettre, par angle, des rails de 5, 46 et de 10, 96 au lieu de 5, 50 et 11 mètres.

Lorsque les rails sont gras et glissants, il est d'usage d'y jeter du sable dans un espace de 30 mètres avant l'approche des quais, et devant le réservoir où s'arrête la machine.

En moyenne, et selon l'âge de la voie,

on doit tenir prêt un approvisionnement de trois à cinq rails par kilomètre de voie simple.

53. *Chargeur de rails, système Guyenet de la Compagnie d'Orléans.* — La Compagnie *d'Orléans* fait usage de chargeurs de rails dont elle exposait un modèle à Paris en 1889. En voici la description d'après la notice même de la Compagnie.

La Compagnie d'Orléans emploie des

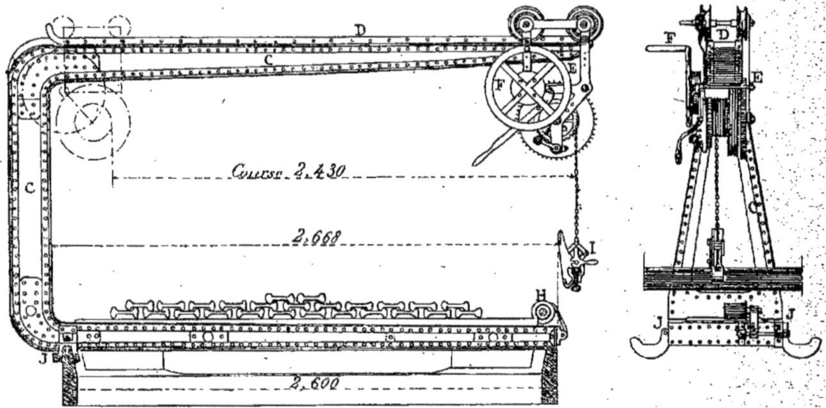

Fig. 71 et 72. — Chargeur de rails, système Guyenet (Cie d'Orléans). C, charpente en fer et cornières placée sur le wagon à desservir; D, chemin de roulement du treuil; E, treuil roulant; F volant de manœuvre du treuil; H, rouleau de renvoi du câble; I, Pince automatique; J, crochets de butée du chargeur sur le wagon.

rails en acier, de 11 mètres de longueur, pesant 38 kilogrammes le mètre courant.

L'appareil Guyenet a un double but : diminuer les frais et les dangers du chargement et du déchargement des rails longs, supprimer les chocs qui faussent les rails et altèrent leur qualité.

Le travail se fait avec deux chargeurs agissant simultanément.

Un chargeur est composé d'une char-

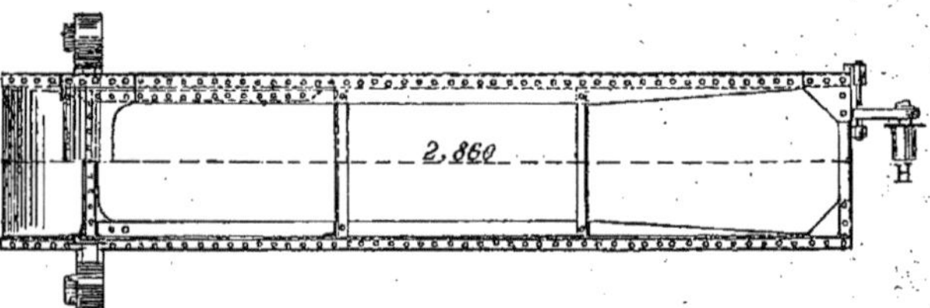

Fig. 73. — Chargeur de rails, système Guyenet. — Demi plan et coupe.

pente en fer C, très légère et très stable, présentant la forme d'un U renversé horizontalement. La branche inférieure est fixée sur la plate-forme à desservir; sur la branche supérieure est installé un treuil roulant au moyen duquel on soulève les rails à charger ou à décharger.

Les figures 69 à 73 donnent les détails de l'appareil.

54. *Manœuvre de l'appareil.* — Il faut

six hommes pour manœuvrer les chargeurs : deux aux treuils, deux sur le tas de rails et deux auprès des rouleaux de renvoi pour guider le câble et porter les griffes aux hommes placés sur le tas.

Supposons qu'on veuille charger sur wagon des rails pris dans un parc.

Pour faire cette opération il faut, au préalable, disposer les chargeurs près de la traverse mobile du wagon portant les rails, de telle façon que cette traverse soit toujours du côté opposé au volant de manœuvre du treuil et établir, au moyen de deux rails supportés par des chevalets, un plan incliné, pour hâler les rails.

Cela fait, on amène le treuil roulant E à l'extrémité de la charpente C (côté des rails), on saisit la pince automatique I, puis on passe le câble sur le roulcau de renvoi H et on tire sur le câble jusqu'à ce qu'il soit suffisamment déroulé.

Pendant qu'un homme fait cette manœuvre, deux autres hommes saisissent un rail avec des pinces et le placent sur champ ; on engage le rail dans les pinces automatiques, que l'on maintient fermées au moyen des crochets de sûreté.

Les hommes placés au volant de chaque treuil agissent alors en vitesse jusqu'à ce que le rail soit près des rouleaux de renvoi H. A ce moment, la longueur du câble étant épuisée, la chaine lui succède et abandonne le rouleau H qu'un homme, placé près du wagon A, rejette en arrière de l'appareil. Les hommes continuent d'agir sur le treuil E jusqu'à ce que le rail soit arrivé à la hauteur voulue.

Ils maintiennent le treuil à cette hauteur en engageant le cliquet dans la denture du rochet et font avancer le treuil roulant sur la charpente, jusqu'à l'emplacement désigné pour recevoir le rail.

Pour descendre, ils maintiennent la charge un instant au moyen du volant et font agir le frein ; ils lèvent ensuite le cliquet et laissent descendre le rail en douceur, à la place qu'il doit occuper ; on relève alors le crochet de sûreté et on retire la pince de dessus le rail ; puis on ramène le treuil roulant à l'extrémité de la charpente pour recommencer une autre opération.

Le prix d'une paire de chargeurs de rails est de . . . . 1 400 fr.

Leur poids est de. . . . . 810 kil.

Avec cet appareil, six hommes peuvent charger sans fatigue, et en toute sécurité, trois cents rails de 11 mètres par jour ; le chargement à bras pour le même nombre de rails exigerait douze hommes.

55. *Prix divers.* — Les prix suivants s'appliquent aux manutentions que l'on peut être appelé à faire subir aux rails :

Chargement ou déchargement de rails de 11 mètres de longueur, la tonne. . .	0f,60
Déchargement de rails entiers sur la plate-forme sans empilage ni rangement, jetés simplement par files de deux pour être posés, quelle que soit leur longueur, le cent. . .	6 ,00
Rechargement de rails entiers quelle qu'en soit la longueur et le type, le cent. . .	8 ,00
Triage de vieux rails et coltinage, le cent . . .	12 ,00
Coupe droite d'un rail à double champignon, la pièce. . .	0 ,75
Coupe oblique d'un rail . . .	1 ,00
Cintrage sur plan d'un rail. . .	1 ,25
Perçage d'un trou sur rail en place.	0 ,20

56. *Coussinets.* — Les coussinets des rails à champignons s'usent peu sauf à l'intérieur, au contact du rail, par suite du martellement produit par le passage successif des trains ; la même cause fait ovaliser les trous de chevillettes ou des tire-fonds. Quelquefois, la maladresse d'un agent frappant sur un coin l'entraîne à frapper sur le coussinet dont il fait sauter une des mâchoires. On ne remplace un coussinet que quand le martellement intérieur du rail a déterminé une usure de 4 à 5 millimètres.

Cinq ou six coussinets d'approvisionnement par kilomètre de voie simple suffisant pour parer à toute éventualité.

57. *Coins.* — Les coins se desserrent à la longue par suite des trépidations dues au passage des trains, ou bien à cause des variations atmosphériques entraînant la perte de leur élasticité. Les poseurs les enfoncent, dans leurs tournées quotidiennes, en frappant dessus avec précaution, de crainte de les briser. On peut compter sur le remplacement annuel d'un coin sur dix par kilomètre de voie simple.

La sécheresse les décolle quelquefois complètement. Ce n'est pas toujours un motif pour les envoyer au rebut. Il faut encore essayer de les utiliser en les retournant et mettant contre le rail la face qui était primitivement contre le coussinet, dont la convexité est plus grande que celle de l'autre face.

Le déchargement des coins et leur empilage par tas de cinquante revient à 2 francs le mille.

Rechargement de vieux coins : 2 francs le mille.

58. *Tirefonds, chevillettes, boulons.* — Les tirefonds et chevillettes s'usent au collet par suite des chocs successifs contre le coussinet ou le patin du rail. On les remplace quand la diminution de leur diamètre atteint 4 à 5 millimètres.

Les boulons d'éclisses s'usent normalement assez peu, à moins d'imprudence des agents qui les forcent en tournant les écrous au-delà du filetage ou en frappant dessus pour les faire entrer de force dans des trous qui ne leur correspondent pas. Le remplacement des boulons ne doit se faire sans cela, que quand le filetage est usé au point de rendre impossible le serrage indispensable.

La réserve pour entretien doit s'élever à 3 0/0 du nombre des pièces employées dans la voie.

Déchargement ou rechargement de boulons d'éclisses, tirefonds, crampons, chevillettes, plaques d'arrêt ; le mille, 0f,50.

59. *Eclisses.* — Une grande attention doit être apportée par les poseurs à la surveillance des éclisses et de leurs boulons, car du serrage de ces derniers dépendent la solidité de la voie et la conservation du matériel. Il faut, en effet, pour avoir une bonne voie, un bon éclissage ; et ce dernier n'est obtenu que par son contact parfait entre les joues des éclisses et le rail.

Il arrive parfois que les écrous sont desserrés et que l'oxydation les empêche de tourner ; on arrive alors à les faire tourner à force d'huile et de nettoyages du pas de vis et en faisant des efforts alternatifs dans les deux sens sur l'écrou de manière à l'ébranler.

Les éclisses ne s'usent pour ainsi dire pas ; les seules qu'on soit appelé à remplacer sont celles qui sont brisées par suite de chocs, d'imprudences, de déraillements. Une demi-douzaine d'éclisses par kilomètre de voie simple suffisent pour l'approvisionnement en circulation moyenne.

Le déchargement des éclisses et leur empilage par tas de cent paires revient à 2f,50 le mille.

Rechargement d'éclisses *idem;* le mille, 2f,50.

Poteaux.

60. On emploie sur une ligne en exploitation diverses sortes de poteaux, savoir :

Les *poteaux kilométriques*, posés tous les mille mètres à partir de l'axe du bâtiment des voyageurs. Leur total ne représente donc pas exactement la longueur des voies de la ligne qui doit être comptée entre heurtoirs extrêmes.

La première qualité de ces poteaux est de présenter des numéros bien visibles pour les mécaniciens. Ils sont posés contradictoirement avec le service du contrôle, qui en fait la base des tarifs généraux d'application soumis à l'approbation ou *homologation* ministérielle.

Les *poteaux indicateurs de déclivités*, sur lesquels sont inscrits les paliers, pentes et rampes avec leurs longueurs. Il y en a souvent de deux sortes, en fonte ou, mieux, en tôle émaillée. Les uns, d'un petit modèle sont réservés au service de la voie et reçoivent les indications exactes de longueurs et de déclivités de chaque partie de la ligne. Les autres, plus grandes, aux indications plus apparentes, sont destinées aux mécaniciens ; elles y sont en même temps plus sommaires, moins détaillées. Les chiffres s'arrêtent aux millimètres.

Les poteaux limites de protection et de direction des trains. — Ceux-ci sont établis comme nous l'avons dit à l'article : Signaux, à la limite de protection des disques-signaux établis aux abords des stations. Ils sont destinés à indiquer aux conducteurs d'arrière d'un train, qui a dépassé le signal fixe tourné à l'arrêt, la limite que le dernier wagon du train doit atteindre pour que le convoi soit efficacement couvert par le disque.

Dans certaines gares, on a également installé des poteaux indiquant aux mécaniciens où ils doivent arrêter leurs machines pour que tous les voyageurs puissent descendre commodément sur le quai de la gare.

Enfin, certaines gares têtes de lignes ou de bifurcation présentent des poteaux portant les noms des directions afin d'éviter des méprises de la part des voyageurs.

Plantations.

61. Nous avons vu précédemment que les talus de chemins de fer sont généralement recouverts de plantations qui les consolident en maintenant les terres. Il faut avoir soin, en pareil cas, d'éviter les arbres à haute tige, spécialement des peupliers, dont le bois est cassant et dont les feuilles tombent à demi desséchées sur les rails auxquels elles se collent entraînant le patinage des roues. En outre, un arbre à haute tige est toujours un danger en pareil cas, car, par un grand vent, par exemple, s'il vient à être renversé, il peut tomber sur la voie et entraîner les plus graves accidents.

Mais, en dehors des plantations des talus, il y en a quelques autres qui peuvent être exécutées le long du chemin de fer pour différents motifs. Ainsi, quand le remblai, établi en pays marécageux et plat, a été construit entièrement au moyen d'emprunts latéraux, les chambres d'emprunts se transforment en fossés remplis d'eau qu'il est indispensable de soustraire aux rayons du soleil. Les miasmes qui se dégageraient sans cela, de ces eaux à peu près stagnantes, ou des mares de fond desséchées, entraîneraient des épidémies ou des fièvres paludéennes des plus dangereuses. Il y a donc là une question de salubrité.

D'autres fois le vent est tellement violent dans certaines contrées, particulièrement au bord de la mer, qu'un rideau d'arbres le long de la crête du talus en remblai est indispensable pour empêcher les trains d'être arrêtés et même quelquefois renversés. Il faut que ces plantations soient néanmoins assez basses pour ne pas gêner la vue, surtout dans les courbes, et permettre le fonctionnement des signaux.

Enfin, il existe encore, spécialement dans les gares, des plantations d'agrément, fleurs ou arbustes établies comme ornement. Elles sont entretenues par les agents du service de la voie et dans certaines villes par des jardiniers spéciaux.

62. *Plantations extérieures au chemin de fer.* — Le chemin de fer étant classé dans la grande voirie, la distance à observer pour les routes nationales et tous les règlements concernant les plantations riveraines, l'élagage, etc., s'y appliquent intégralement. La loi du 15 juillet 1845 le rappelle d'ailleurs nettement dans son article 5.

La distance à observer pour les plantations aux abords des voies publiques est réglée par l'article 5 de la loi du 9 ventôse an XIII (28 février 1805), ainsi conçu :

« Art. 5. — Dans les grandes routes, dont la largeur ne permettra pas de planter sur le terrain appartenant à l'État, lorsque le particulier riverain voudra planter des arbres sur son propre terrain, à moins de 6 mètres de distance de la route, il sera tenu de demander l'instruction à suivre à la Préfecture du département ; dans ce cas, le propriétaire n'aura besoin d'aucune autorisation particulière pour disposer entièrement des arbres qu'il aura plantés. »

En pratique, il est bien rare qu'on impose cette distance, à moins que ce ne soit pour les arbres à haute tige, dont la chute pourrait constituer un danger pour le chemin de fer. Le plus généralement, on se contente d'appliquer la vieille ordonnance du 4 août 1731, qui réduit la distance à 2 mètres. Cette ordonnance a d'ailleurs servi de base aux prescriptions plus récentes de droit commun, l'article 671 du Code civil ayant maintenu la même distance de 2 mètres pour les arbres à branches haute tige.

D'après le Tribunal de Beauvais (octobre 1863), c'est d'après l'essence des arbres, et non d'après le mode d'exploitation ou d'aménagement, qu'on doit observer les distances prescrites par l'article 671 du Code civil.

Ainsi des osiers et des sureaux ne doivent pas être considérés comme des arbres à haute tige qu'on ne peut planter qu'à 2 mètres des propriétés voisines.

63. *Elagage.* — D'après un ancien arrêt de 1720, les essartements aux abords des voies publiques doivent être faits suivant la largeur attribuée aux routes. Nous ne pensons pas que cet arrêt ait jamais été appliqué en ce qui concerne l'essartement et l'élagage des plantations riveraines des chemins de fer. On peut faire la même observation au sujet des dispositions de l'ordonnance plus ancienne des eaux et forêts d'août 1669, qui prescrivaient l'élagage des bois, épines et broussailles dans l'espace de 60 pieds des grands chemins. Cette distance est d'ailleurs encore celle dans laquelle l'Administration a conservé le droit d'exiger l'essartement, quelle que soit d'ailleurs la largeur de la route, comme l'a confirmé un arrêt du Conseil d'Etat du 31 décembre 1849.

La Compagnie a d'ailleurs le droit de faire supprimer complètement les plantations riveraines qui seraient incommodes ou le moins du monde dangereuses pour l'exploitation, empêcher la vue des signaux, en un mot être un obstacle quelconque à la sécurité de l'exploitation. Cette expropriation d'office, s'étend d'ailleurs même aux bâtiments riverains qui se trouveraient dans les mêmes conditions.

Il va de soi, que dans un cas comme dans l'autre, on doit compenser le désagrément causé au propriétaire par une juste indemnité.

Changements. — Croisements. Aiguilles.

64. *Croisements.* — Dans les croisements, on s'assurera souvent, au moyen d'une règle et d'un cordeau, que l'alignement des rails placés en avant de la pointe de cœur correspond bien avec les faces latérales des cœurs : on dit alors que la pointe de cœur est bien couverte.

Cette dernière doit être en outre maintenue à 5 millimètres en contre-bas des pattes de lièvre ; il faut d'ailleurs maintenir un bon bourrage du ballast sous cette pointe et sous le talon.

65. *Aiguilles.* — On applique aux changements et croisements les procédés d'entretien de la voie courante en exagérant les précautions.

Les longrines des aiguilles doivent être maintenues avec soin sur un même plan afin que les lames mobiles reposent bien sous chacune d'elles. Il faut en même temps veiller rigoureusement au serrage de tous les boulons et à l'écartement de la voie.

Ces appareils délicats doivent être entretenus et graissés avec un soin tout particulier. Quand il y en a plusieurs, on les munit de numéros d'ordre.

L'aiguilleur en visite chaque jour minutieusement toutes les parties ; il a soin d'en enlever toutes les matières étrangères qui pourraient en gêner le mouvement ; ce sont spécialement des parties de ballast soulevées par le vent et le passage des trains rapides. Il assure en même temps d'une façon parfaite l'écoulement des eaux. Il doit d'ailleurs être en état de faire lui-même toutes les réparations simples exigées par l'appareil.

Par les grands froids, l'attention et les soins doivent redoubler. Il faut enlever complètement la neige et la glace qui pourraient s'opposer au fonctionnement de l'appareil et même le caler. Leur moindre défaut est de former des bourrelets très dangereux entre les aiguilles et les rails.

Les aiguilles situées en dehors des gares et qui ne sont pas constamment gardées doivent être cadenacées dans leur position normale ; l'aiguilleur seul possède la clef du cadenas et s'en sert quand il le faut.

La même précaution doit être prise avec les aiguilles des embranchements particuliers.

Si une aiguille présente des réparations importantes à faire, l'aiguilleur prévient le service de la voie qui prévient à son tour le chef de gare. Celui-ci organise alors une surveillance exceptionnelle sur les points particulièrement dangereux où se fait la réparation.

D'après ce qu'on voit, l'aiguilleur doit être un employé d'élite qui encourt une haute responsabilité, aussi choisit-on ces agents parmi les poseurs de la voie qui se sont fait le plus remarquer par leur sang-froid, leur ponctualité et leur bonne conduite. Leur fonction, peu fatigante en réalité, exige surtout une assiduité de tous les instants et une conduite exemplaire; on s'explique donc que les Compagnies les recrutent parmi les employés de choix et, de plus, n'exigent d'eux qu'un nombre limité d'heures de travail.

Il n'existe pas de règle concernant le nombre des aiguilles à confier à un même agent; dans une même gare, la répartition se fait en prenant en considération la distance qui sépare les aiguilles, le nombre de fois que chacune d'elles est manœuvrée par jour, la vitesse avec laquelle les trains passent sur les aiguilles successives, leur position soit sur les voies principales, soit sur les voies de garage.

Le nombre d'aiguilleurs pour chaque gare varie également avec l'importance du service. Comme nous venons de l'expliquer, un seul aiguilleur est quelquefois chargé d'un groupe comprenant plusieurs changements de voie ; mais les aiguilles des bifurcations d'embranchements, par exemple, exigent toujours un agent spécial. D'ailleurs, en cas d'insuffisance, le nombre de ces agents est fixé par le Ministre des Travaux publics en conformité de l'article 3 de l'ordonnance du 15 novembre 1846, ainsi conçu :

« Art. 3. — Il sera placé partout où besoin sera des gardiens en nombre suffisant pour assurer la surveillance et la manœuvre des aiguilles des croisements et changements de voie; en cas d'insuffisance, le nombre de ces gardiens sera fixé par le Ministre des Travaux publics, la Compagnie entendue. »

Bon nombre d'accidents sont arrivés, parce que le personnel des aiguilleurs restait souvent trop longtemps à son poste. Par dépêche circulaire du 3 mai 1864, le Ministre des Travaux publics a invité les Compagnies de chemins de fer à reviser l'organisation du travail des aiguilleurs, de telle sorte que la durée du service de ces agents n'excède pas douze heures, même lors du passage du service de jour au service de nuit, et réciproquement.

Un règlement spécial des aiguilleurs, approuvé par décision ministérielle, contient entre autres dispositions que « les aiguilleurs sont responsables de tous les faits de leurs services ». Et, en particulier, « en cas d'absence de l'aiguilleur, l'agent qui le remplace et dirige la manœuvre doit, sous sa propre responsabilité, maintenir ou faire maintenir l'aiguille ».

Cette responsabilité de l'aiguilleur est du domaine purement disciplinaire ou judiciaire suivant la gravité de l'infraction et selon qu'il a été ou non dressé un procès-verbal transmis à l'autorité judiciaire. Il peut même arriver qu'un agent reconnu coupable par sa faute soit l'objet de ces deux rigueurs à la fois.

Il y a lieu de remarquer d'ailleurs que le chef de gare est responsable en même temps que son agent, mais n'encourt, dans ce cas, qu'une peine disciplinaire. L'action judiciaire ne peut être intentée contre ce fonctionnaire de la Compagnie que s'il a lui-même exécuté ou dirigé la manœuvre fautive, se substituant ainsi à l'agent spécial, ou s'il s'agit d'une affaire motivant l'application de l'article 19 de la loi du 15 juillet 1845.

Ce que nous disons des aiguilleurs et chefs de gare s'applique d'ailleurs, dans les cas analogues, aux autres agents.

66. *Outillage de l'aiguilleur.* — Etant données les multiples faces du service de l'aiguilleur, on a soin de le munir d'un certain nombre d'objets indispensables qui sont les suivants :

Un paquet de signaux-pétards ;
Une pelle en fer ;
Un râteau à dents de fer ;
Un rabot en bois ;
Un cordon de 20 mètres ;
Une masse à enfoncer les coins ;
Un balai ;
Une pioche pour curer à fond les entre-rails des croisements ;
Une boîte d'aiguilleur (clef anglaise et accessoires) ;
Une lanterne à verre rouge et vert ;
Un drapeau rouge ;
Deux burettes, une pour l'huile de graissage, l'autre pour l'huile à brûler.

Ces instruments doivent être entretenus en bon état par les agents. Ils sont remplacés et réparés à leurs frais, quand leur réparation provient d'un défaut d'entretien ou de négligence.

67. *Appareil de manœuvre et de verrouillage d'une aiguille à distance par transmission funiculaire de la Compagnie d'Orléans.* — Parmi les objets exposés en 1889 par la Compagnie d'Orléans se trouvait cet ingénieux appareil dont nous extrayons la description ci-dessous d'une notice publiée par la Compagnie.

Il a pour objet de donner la solution des problèmes suivants :

1° Permettre à un agent, placé loin d'une aiguille, de la manœuvrer, de la verrouiller invariablement dans ses deux positions, d'avoir le contrôle de la position de l'aiguille, d'avoir le contrôle de verrouillage, d'interdire la prise en pointe de l'aiguille

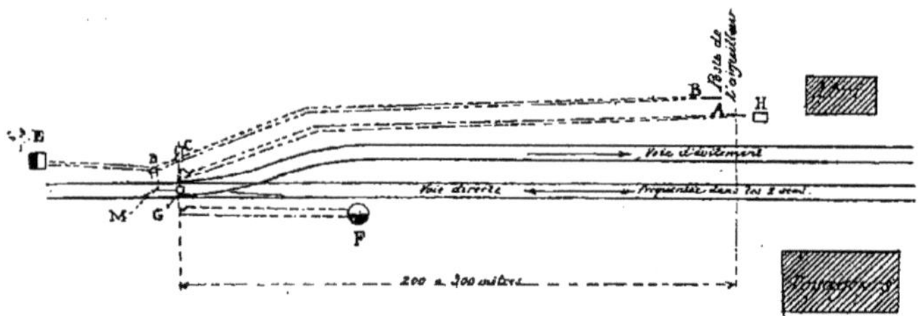

Fig. 74. — Manœuvre à distance d'aiguilles et de verrous par transmissions funiculaires. A, levier de manœuvre de l'aiguille ; B, levier de manœuvre du verrou et du mât d'arrêt ; C, manœuvre ordinaire de l'aiguille ; D, appareil à double volant actionnant le verrou de calage et le mât d'arrêt ; E, mât d'arrêt ; F, mât contrôleur de position d'aiguille ; G, contrôleur électrique de verrouillage ; H, indicateur de position de verrou ; M, verrou de calage.

non verrouillée, d'interdire l'accès en talon de l'aiguille verrouillée, si l'aiguille n'est pas calée sur la direction où elle est attaquée par le train ;

2° Permettre également la manœuvre de l'aiguille à la main par un agent placé à côté de l'aiguille dans les conditions ordinaires ;

3° Avoir un appareil simple et économique dont on puisse généraliser l'emploi et qu'on puisse facilement supprimer ou installer suivant les changements d'horaires des trains.

Voici comment on satisfait à ces diverses conditions (*fig.* 74) :

La manœuvre et le verrouillage sont obtenus par deux leviers distincts, avec transmissions funiculaires distinctes.

Le verrou est un verrou Saxby à deux gâches, invariable, permettant le passage en vitesse sur l'aiguille prise en pointe.

Le contrôle de la position de l'aiguille est obtenu au moyen d'un mâtereau F solidaire de l'aiguille, placé à côté du croisement de l'appareil. Suivant que ce mâtereau est parallèle ou perpendiculaire aux voies, il indique si l'aiguille est faite pour la direction de droite ou pour celle de gauche. Ce mâtereau est peint en bleu.

Le contrôle de verrouillage est obtenu au moyen d'un appareil électrique qui

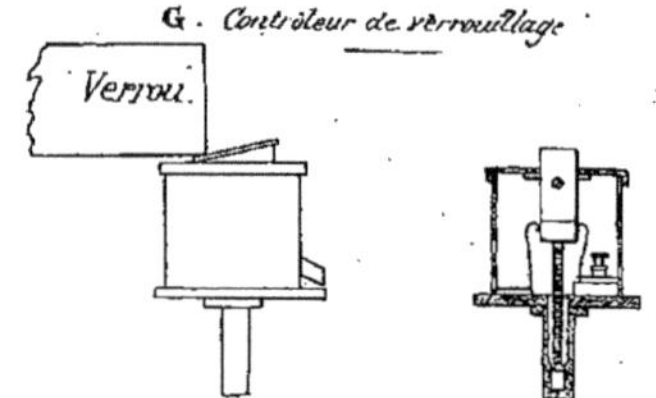

Fig. 75 et 76. — Manœuvre à distance d'aiguilles et de verrous par transmissions funiculaire.

donne à la fois un signal optique et un signal acoustique. Le verrou fermé et ayant traversé sa gâche tient enfoncé le pêne d'un commutateur (*fig.* 75 et 76). Le pêne enfoncé laisse passer un courant continu qui maintient sur le mot *calée* l'index d'un indicateur (*fig.* 77), placé près du levier

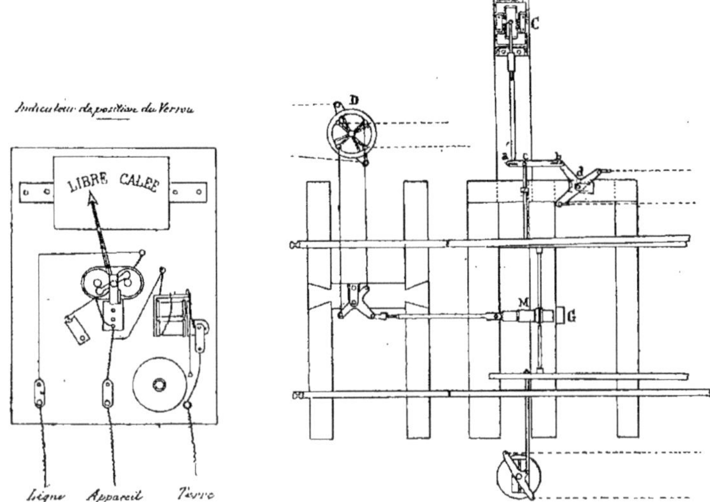

Fig. 77. — Manœuvre à distance d'aiguilles et de verrous par transmissions funiculaires. Indicateur de position du verrou.

Fig. 78. — Manœuvre à distance d'aiguilles et de verrous par transmissions funiculaires. — Ensemble de la manœuvre de l'aiguille et du verrou.

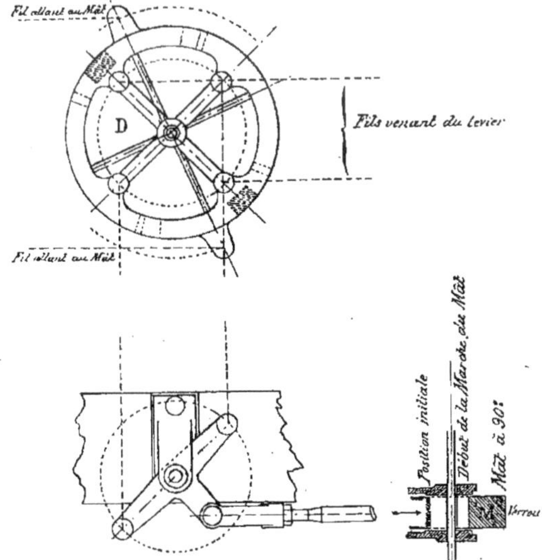

Fig. 79. — Manœuvre à distance d'aiguilles et de verrous par transmissions funiculaires. — Détails de la manœuvre du verrou.

de manœuvre. Quand le verrou n'est pas dans sa gâche et que l'aiguille est déverrouillée, le pêne du commutateur remonte, le circuit est interrompu, l'index de l'indicateur passe au mot *libre* et une sonnerie trembleuse se met en mouvement, actionnée par un courant dérivé de la pile. L'agent de la station n'a qu'à manœuvrer le levier du verrou pour s'assurer que celui-ci fonctionne bien ; la sonnerie, muette quand l'aiguille est verrouillée, doit tinter pendant que l'aiguille est libre. Grâce au courant continu, toute avarie dans la pile est immédiatement dénoncée. Cet appareil a été imaginé par M. Rigaud, contrôleur du service électrique au service central.

Afin d'empêcher l'arrivée d'un train prenant en pointe l'aiguille non verrouillée, le verrou est solidaire du mât avancé couvrant la station. Cette solidarité est obtenue par l'emploi du double volant qui figurait également à l'Exposition et qui a été décrit dans une autre notice. Le verrouillage ouvre le mât, le déverrouillage le ferme (*fig.* 78 et 79).

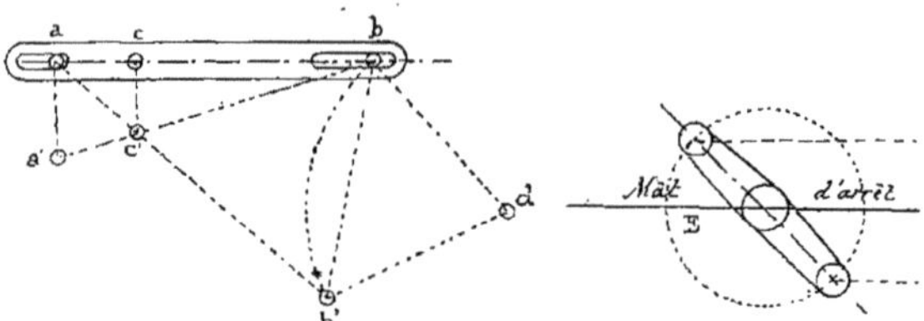

Fig. 80. — Manœuvre à distance d'aiguilles et de verrous par transmissions funiculaires. Mouvement de manœuvre de l'aiguille.

Pour interdire l'accès intempestif de l'aiguille prise en talon, on utilise le mâtereau bleu F qui a déjà servi à indiquer la position de l'aiguille. Dans ce but, ce mâtereau est muni de pétards.

L'appareil ci-dessus décrit était déjà installé, lorsque le service de l'Exploitation y a demandé une addition ; il a signalé l'utilité de pouvoir manœuvrer, par un agent placé près de la pointe, l'aiguille ainsi disposée. La solution de ce problème a été réalisée par une disposition ingénieuse due à M. Barba, sous-chef du bureau des études au service central.

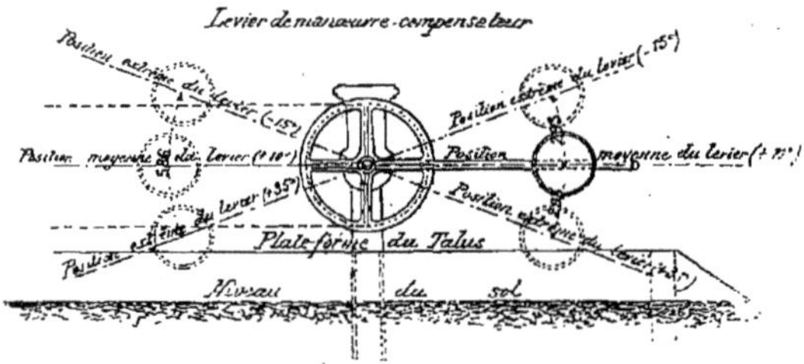

Fig 81. — Manœuvre à distance d'aiguilles et de verrous par transmissions funiculaires.

Le col de cygne de l'aiguille (*fig.* 78) est articulé en un point intermédiaire c d'une barre ab, dont les deux extrémités sont reliées par des articulations à coulisse, en a, avec la tringle d'un levier ordinaire, dont le contrepoids est normalement rivé et cadenassé en b, avec le levier de l'équerre qui est mue par la transmission funiculaire. Le déplacement c', qui produit la manœuvre de l'aiguille (*fig.* 80) est obtenu par la rotation de la barre *ab*, soit autour de *a*, soit autour de *b*, suivant qu'on actionne l'équerre par sa transmission ou qu'on soulève le contrepoids de l'aiguille.

Ce dispositif rappelle celui de certains enclenchements conditionnels. Il importe d'observer que, pendant ces manœuvres à la main, l'aiguille étant déverrouillée, le mât avancé est fermé et, par conséquent, la manœuvre est couverte.

Les transmissions sont établies avec les poulies et le fil d'acier de 4 millimètres employés pour la manœuvre des mâts.

Le levier (*fig.* 81) entraîne avec lui une poulie de 0m,50 de diamètre, sur laquelle s'enroule une chaîne attachée aux extrémités des deux fils. Un contrepoids fixé près de la poignée sert de compensateur de dilatation. Dans ses deux positions extrêmes, le levier n'est donc maintenu que par le contrepoids. Remarquons, en outre, que chaque manœuvre exige un déplacement notable des fils. Avec ces deux dispositions, on évite l'inconvénient du levier à faible course, maintenu par des arrêts rigides dans ses deux positions extrêmes, qui ne dénonce ni les ruptures de fils ni leur calage sur un point de la transmission.

L'ensemble de l'appareil paraît compliqué ; il est cependant très économique et très simple. Sauf le contrôleur électrique, il ne comporte aucun appareil spécial et, par suite, on ne fait aucune perte en le démontant, sauf les frais de main-d'œuvre ;

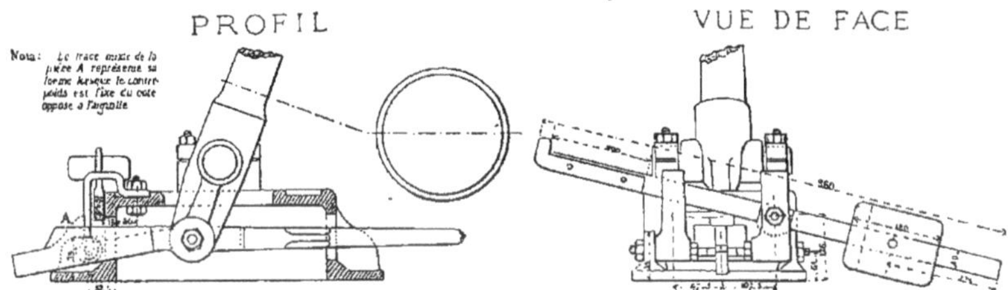

Fig. 82 et 83. — Appareil Barbier pour faciliter la manœuvre des aiguilles à contrepoids rivé (Cie Orléans).

on rentre simplement les éléments en magasin ; cette considération a une importance de premier ordre.

En effet, cet appareil a été étudié dans le but suivant :

Sur les lignes à voie unique et dans les stations où tous les trains s'arrêtent, l'aiguille de dédoublement, est à chaque extrémité, munie du verrou à double volant et n'exige aucune manœuvre. Mais dans les stations où il y a des trains qui les franchissent sans s'arrêter, les règlements de la Compagnie exigent que les trains qui s'arrêtent passent sur une voie, et que les trains qui brûlent passent sur l'autre. Il est donc utile de manœuvrer l'aiguille à distance. Mais cette situation peut changer avec un changement d'horaire : la station peut passer d'une catégorie à une autre ; il faut donc pouvoir, sans grands frais, installer rapidement l'appareil, ou, au contraire, le supprimer.

La simplicité de la solution est due à ce qu'on emploie des transmissions distinctes pour l'aiguille et le verrou. Et il est logique de procéder ainsi, quand on se sert de transmissions coûtant aussi peu que les transmissions par fils.

68. *Appareil Barbier de la Compagnie d'Orléans pour faciliter la manœuvre des aiguilles à contrepoids rivé.* — Cet appareil, exposé en 1889, est décrit de la manière suivante dans la notice qui accompagnait les objets exposés.

L'appareil imaginé par M. Barbier, employé de la Compagnie d'Orléans, a pour but de faciliter et d'assurer la manœuvre des aiguilles à contrepoids rivé, en permettant à l'aiguilleur de s'aider du poids de son corps pour les maintenir dans une position invariable, lorsqu'elles sont prises en pointe.

Le système consiste dans l'addition au mécanisme ordinaire de ces aiguilles, comme le montrent les figures 82 et 83 :

1° D'une pédale, mobile dans un plan vertical, perpendiculaire à la tringle de manœuvre; cette pédale est terminée à l'une de ses extrémités par une palette, et à l'autre, par un contrepoids ;

2° D'un mentonnet, adapté à la tringle de manœuvre, qui vient se placer dans le plan vertical de la pédale, lorsque le contrepoids de l'aiguille est soulevé par l'aiguilleur.

Ce soulèvement effectué, si l'aiguilleur met le pied sur la palette, jusqu'à ce que la pédale vienne rencontrer le mentonnet, l'aiguille se trouve fixée par le poids du corps de l'agent.

Dès qu'il retire le pied, la pédale dégage automatiquement le mentonnet sous l'action du contrepoids opposé à la palette, et l'aiguille reprend sa position normale.

69. *Prix divers.*

Déchargement et arrimage ou chargement d'un changement de voie complet, la pièce	1f,50
Déchargement et arrimage ou chargement d'un croisement, la pièce	1 ,50
Déchargement et arrimage ou chargement d'un changement complet de voie double, la pièce	1 ,80
Déchargement et arrimage d'un croisement complet de voie double, la pièce.	3 ,60
Déchargement et arrimage ou changement d'une traversée de voie complète, la pièce	4 ,40
Pose d'un changement à deux voies avec levier de manœuvre, compris préparation de la première couche, garnissage, relevage et règlement définitif du ballast. Sabotage de l'appareil et des voies intermédiaires	55 ,00
Pose d'un croisement de voie compris tout mouvement de ballast comme ci-dessus et sabotage de l'appareil	30 ,00
Pose d'un changement à trois voies, avec levier de manœuvre, compris préparation de la première couche, garnissage, relevage et règlement définitif du ballast, avec sabotage de l'appareil et des voies intermédiaires	65 ,00
Pose de trois croisements d'un changement à trois voies compris tout mouvement de ballast et sabotage de l'appareil, les trois croisements	60 ,00
Dépose d'un changement à deux voies et des voies intermédiaires montées sur châssis ou longrines, y compris dégarnissage	25 ,00
Dépose d'un croisement pour changement à deux voies y compris dégarnissage	5 ,00
Dépose d'un changement à trois voies et des voies intermédiaires compris dégarnissage	30 ,00
Dépose des trois croisements d'un chargement triple, compris dégarnissage	12 ,00
Pose d'une traversée oblique, compris préparation de la première couche, garnissage, relevage et règlement définitif du ballast, sabotage de l'appareil et des voies intermédiaires	90, 00
Pose d'une traversée rectangulaire, compris tout mouvement du ballast comme ci-dessus, le montage et le sabotage du châssis de l'appareil	15 ,00
Dépose d'une traversée oblique, des croisements et des voies intermédiaires, compris dégarnissage	30 ,00
Dépose d'une traversée rectangulaire, compris dégarnissage	4 ,00

70. *Disques-signaux.* — La vérification des disques-signaux et de leurs accessoires est, on le comprendra, une des choses les plus importantes. Ils doivent être examinés journellement, ainsi que leurs transmissions, avec le plus grand soin, et l'on doit s'assurer qu'ils fonctionnent bien, en les faisant manœuvrer plusieurs fois de suite.

On portera une attention spéciale sur la crapaudine, qui sera bien nettoyée et huilée; les mâts doivent eux-mêmes être repeints fréquemment, afin de rester toujours bien visibles à distance.

Les poteaux des transmissions doivent être également l'objet d'une surveillance attentive ; on s'assurera qu'ils sont bien d'aplomb et solidement enfoncés, que les poulies de transmission y sont bien fixées et bien orientées dans la direction des fils, leurs axes bien huilés. Enfin, on règle convenablement la tension des fils.

Les instructions données par toutes les Compagnies à leurs agents à ce sujet sont identiques : il est expressément recommandé au personnel chargé de l'installation et de la surveillance des disques-signaux, de vérifier chaque soir, avant de quitter le service, et contradictoirement avec l'agent de gare chargé de la manœuvre, si le disque est en bon état.

Les disques-signaux, en effet, comme les aiguilles des changements de voie, sont manœuvrés par les chefs de gare ou leurs représentants, tandis qu'ils sont entretenus par le personnel du service de la voie.

Ces appareils exigent des soins journaliers, qui sont les suivants: entretenir en parfait état, après nettoyage complet, le graissage des axes des poulies de transmission, et du levier de manœuvre, les articulations du levier de rappel, l'articulation du balancier de l'arbre du disque, le tourillon de ce dernier, etc. On passera au chiffon gras les guides des lanternes afin de faciliter les mouvements d'ascension et de descente du porte-lanterne.

Les poulies seront visitées et graissées une fois par semaine.

Les boîtes à poulies des transmissions souterraines seront visitées et nettoyées une fois par mois et les poulies graissées. En tout temps et spécialement l'hiver, on évitera l'introduction de l'eau dans les conduites souterraines.

Sauf les cas d'urgence où il ne s'agit que de modifications très simples, les ouvriers ne doivent jamais faire sur la ligne des réparations aux mâts des signaux ou à leurs accessoires, spécialement aux lanternes. Toutes les pièces défectueuses doivent être remplacées et envoyées à l'atelier.

Les signaux sont allumés, comme les gares, en conformité de l'article 6 de l'ordonnance du 15 novembre 1846, c'est-à-dire depuis le coucher du soleil jusqu'après le passage du dernier train, bien entendu dans les gares où il existe un service de nuit. Et encore bien des Compagnies pratiquent cet éclairage des disques avancés, ainsi que celui de l'horloge de la gare, mais rien que lorsqu'il y a passage sans arrêt d'un train de nuit dans cette gare (Orléans).

On allume également les disques-signaux par les temps de brouillard, et quelques Compagnies, comme celle d'Orléans, placent en outre, à 500 mètres du disque allumé, un signal de ralentissement, c'est-à-dire un feu vert à partir duquel le mécanicien marche à une allure plus prudente et plus modérée.

Pour que les appareils d'éclairage produisent tout leur effet, il est indispensable de conserver au réflecteur tout son poli ; on le frotte pour cela avec du rouge anglais et une peau de chamois. Les chiffons durs ou imprégnés de sable qu'on utilise souvent, en circonstances analogues, pour d'autres appareils, sont ici absolument à rejeter, parce qu'ils rayeraient le réflecteur.

On empêche la congélation de l'huile, l'hiver, par les grands froids, en plaçant une ou plusieurs veilleuses allumées dans le godet qui reçoit le trop-plein de l'huile de la lampe. On renouvelle ces veilleuses à chaque tournée de garde.

71. *Prix divers.*

Le déchargement ou le chargement d'un signal d'aiguilles complet avec sa charpente revient à................	0f,60
Le même borné seulement au fer...	0 ,45
Le déchargement ou le chargement d'un signal à distance y compris charpente et transmission..............	3 ,00
Le même pour un signal d'arrêt absolu..............................	2 ,50
Le même pour un signal à distance ou d'arrêt absolu, même borné seulement au fer.......................	1 ,50

Frais de consommation d'huile.

72. Le service de l'Entretien de la voie prend à sa charge l'huile consommée :

1° Par les lanternes des sémaphores établis en pleine voie ;

2° Par les lanternes des signaux des aiguilles manœuvrés par le personnel de la voie ;

3° Par les lanternes des signaux fixes établis dans les gares et manœuvrés par les agents de la voie ;

4° Par les lanternes des signaux fixes des gares, couvrant ces gares à distance.

Est au contraire à la charge de l'Exploitation proprement dite l'huile consommée :

1° Par les lanternes des sémaphores des gares et bifurcations;

2° Par les lanternes des signaux des aiguilles manœuvrés, par les agents de l'Exploitation.

3° Par les lanternes des signaux fixes établis en dedans des gares, manœuvrés par des agents de l'Exploitation.

Plaques et ponts tournants.

73. L'entretien du pivot ne se fait que de temps en temps ; on le démonte, et il fait l'objet d'un examen et d'un nettoyage soignés.

Mais l'entretien courant de toutes les pièces doit se faire au moins une fois par semaine ; on assure l'écoulement des eaux qui se sont accumulées dans la cuve et on enlève toutes les matières étrangères qui ont pu s'y glisser ; on nettoie le cercle de roulement avec la spatule et la brosse, on le frotte avec des chiffons gras, et l'on maintient la plaque parfaitement horizontale, condition indispensable à son bon fonctionnement et pour éviter les chocs au passage des trains. Enfin, on huile bien les galets de rotation et le pivot.

Il est indispensable de balayer le dessus de la plate-forme des plaques, de manière à empêcher les pierres, le sable, la terre, la paille, etc., de s'introduire dans l'intérieur des cuves. Dans les temps de neige, ce balayage doit avoir lieu plusieurs fois par jour.

Tous les boulons devront être soigneusement passés en revue, et leurs écrous serrés au besoin. Ce travail doit se faire avec beaucoup de soin, en soulevant les plateaux de recouvrement et en prenant toutes les précautions nécessaires pour ne pas nuire à la circulation des trains et aux manœuvres dans les gares.

Il faut bien prendre garde de ne jamais poser des cales en fer ou en bois entre le châssis et les fontes, comme le font certains poseurs pour faciliter l'entretien. Ce moyen de relevage partiel est très mauvais et fait casser les croisillons des plaques ; il doit être formellement proscrit, et on ne doit relever les plaques qu'en bourrant le sable sous le châssis.

Dans les manœuvres, on doit avoir soin d'éviter de dégrader les plaques par des chocs brusques.

Quand on tourne un véhicule quelconque, locomotive ou wagon sur une plaque, le crapaud doit être constamment levé ; on ne l'abaisse que pour arrêter le mouvement de rotation.

Les ponts tournants des dépôts de locomotives sont nettoyés, graissés et entretenus par les hommes spéciaux des dépôts sous la surveillance des chefs de dépôts.

Enfin, il y a encore des plaques de réserve qui demandent une certaine surveillance. Elles sont nettoyées, graissées et entretenues par les hommes des chantiers sous la surveillance des chefs de section.

74. *Prix divers.*

Déchargement ou chargement d'une plaque tournante	20f,00
Déchargement ou chargement d'un pont tournant de 14 mètres pour locomotive et son tender	25 ,00
Déchargement ou chargement d'un pont tournant de 14 mètres avec son cuvelage	60 ,00
Déchargement et chargement du cuvelage seul, d'un pont tournant de 14 mètres	35 ,00
Déchargement ou chargement de pièces détachées de changements, croisements, traversées, lames d'aiguilles, boîtes de manœuvre, tringles de connexion, pointes de cœur, pattes de lièvre, tuyaux de conduite, et appareils d'alimentation, la tonne	0 ,75
Dépose d'une plaque tournante y compris rangement sur la plate-forme des matériaux pour être chargés	45 ,00
Pose d'une plaque tournante sur ballast, compris la fourniture et le pilonnage du ballast, mais non compris la fouille payée suivant la nature du terrain au prix ordinaire pour ce genre de travail	90 ,00

Grues de chargement.

75. Le nettoyage et le graissage de chaque grue doivent être faits par un agent du service de la voie qui est responsable de l'état de propreté de l'engin, et qui s'assure journellement que nul indice de rupture n'existe dans les diverses pièces du système ; en particulier dans les chaînes.

Livraison N° 190. 1241e du Cours de Construction. Prix ; 50 cent.

ENCYCLOPÉDIE THÉORIQUE & PRATIQUE DES CONNAISSANCES CIVILES & MILITAIRES

(*Publiée sous le patronage de la Réunion des officiers*)

PARTIE CIVILE

COURS DE CONSTRUCTION

Publié sous la direction de

G. OSLET, INGÉNIEUR DES ARTS ET MANUFACTURES

DIXIÈME PARTIE

TRAITÉ DES CHEMINS DE FER

PAR

AUGUSTE MOREAU, I. ✪, ✱, ✱, ✠.

Ingénieur des Arts et Manufactures. — Membre du Comité de la Société des Ingénieurs civils de France. Ancien chef de section des travaux neufs au chemin de fer du Nord. — Ancien Ingénieur en chef et chef de l'exploitation des chemins de fer secondaires. — Secrétaire du Congrès international des procédés de construction à l'Exposition Universelle de 1889.

PARIS
GEORGES FANCHON, ÉDITEUR
25, RUE DE GRENELLE, 25

Exposition Internationale du Livre: PARIS 1894. MÉDAILLE D'ARGENT

TRAITÉ DES ROUTES, RIVIÈRES & CANAUX

NEUVIÈME PARTIE DU COURS DE CONSTRUCTION

PAR

P. BERTHOT

Ingénieur des Arts et Manufactures. — Membre et lauréat de la Société des Ingénieurs civils de France. — Ancien Ingénieur de la province de Céara (Brésil). — Ingénieur en chef de l'Exposition Française à Moscou, en 1891.

PROGRAMME SOMMAIRE

AVANT-PROPOS

PREMIÈRE PARTIE. — ROUTES

CHAPITRE PREMIER

Définitions générales et classement.

HISTORIQUE

Les routes chez les Babyloniens, les Carthaginois, les Grecs et les Romains. — Leur importance chez ce dernier peuple, leur tracé, leur construction. — Chaussées de Brunehaut. — *Des routes sous Henri IV, sous Louis XIV.* — De la corvée, du péage. — De la prestation. — Etat actuel.

DES ROUTES DANS LES PAYS ÉTRANGERS

Routes en Angleterre, aux Etats-Unis, en Autriche, en Belgique, en Russie, en Suède, en Italie, en Espagne et en Allemagne.

CHAPITRE II

DU TRACÉ D'UNE ROUTE, PROFIL EN LONG

Premier cas. — *On possède une carte avec courbes de niveau.* — Limite de pente. — Méthode de Durand-Claye. — Considérations politiques et commerciales. — Projet de rectification. — Raccordements.

Deuxième cas. — *On possède une carte sans courbes de niveau.* — Procédés pour limiter les recherches sur le terrain.

Troisième cas. — *Il n'existe pas de cartes.* — Levé complet du terrain. — Description sommaire des procédés à employer. — Orientation de la route. — Détermination de la déclinaison de la boussole. — Détermination de la latitude et de la longitude. — Des mesures approchées et des calculs qui en résultent.

CHAPITRE III

PROFILS EN TRAVERS

Leur forme. — Bombements. — Accotements. — Gares. — Types de profils en travers. — Le choix est déterminé par la nature des matériaux à disposition et par le coefficient de traction.

CHAPITRE IV

EXPÉRIENCES SUR LE TIRAGE DES VOITURES

Le général Morin et Dupuit. — Influence du diamètre et de la largeur du bandage des roues. — Des flaches. — Des pentes et rampes.

CHAPITRE V

ÉTUDE DU PROJET DÉFINITIF

Evaluation des déblais et des remblais. — Méthode approchée. — Méthode exacte. — Equilibre des remblais et des déblais. — Evaluation des transports. — Moyens en usage pour les effectuer.

CHAPITRE VI

INFRASTRUCTURE

Etablissement du profil en long. — De la forme. — Généralités sur les chaussées dallées, pavées, empierrées, en bois, en fascinage, en bitume comprimé. — Tramways.

CHAPITRE VII

CONSTRUCTION DES CHAUSSÉES

CHAUSSÉES DALLÉES

Procédés employés.

CHAUSSÉES PAVÉES

Des pavés, de leur fabrication, de leur durée. — Du sable. — Construction d'un chemin pavé. — Prix de revient.

CHAUSSÉES EMPIERRÉES

Choix des matériaux. — De leur façon. — De leur préparation. — Machines à casser les pierres. — Rouleaux compresseurs. — Prix de revient.

CHAUSSÉES EN BOIS

Différents systèmes employés. — Choix et préparation du bois. — Infrastructure. — Pose. — Durée. — Prix de revient.

CHAUSSÉES EN FASCINAGE

Dans quels cas on doit y avoir recours. — Fabrication de fascines. — Prix de revient.

CHAUSSÉES EN BITUME COMPRIMÉ

Infrastructure. — Bitumage. — Trottoirs. — Bordures. — Prix de revient.

CHAPITRE VIII

TRAVAUX ACCESSOIRES

Ponts et ponceaux. — Aqueducs. — Bouches d'égout. — Fossés. — Plantations.

CHAPITRE IX

ENTRETIEN DES CHAUSSÉES PAVÉES ET EMPIERRÉES

Relevages à bout. — Autres modes. — Des chaussées empierrées. — Méthode du point à temps. — Balayage à outrance. — Emploi. — Béton. — Entretien par rechargements généraux. — Cylindrage. — Usure. — Machines à balayer. — Arrosage, arrosage chimique. — Frais d'entretien. — Comparaison des différents systèmes.

CHAUSSÉES EN BOIS

Entretien. — Réparations. — Frais d'entretien.

CHAPITRE X

Coup d'œil sur la législation des routes depuis les temps anciens jusqu'à nos jours. — Législation actuelle. — Décret d'utilité publique. — Enquête *de commodo et incommodo.* — Autorisation pour pratiquer les études, expropriations, payement des indemnités. — Occupations temporaires. — Indemnités. — Contrat avec les entrepreneurs. — Garantie d'exécution. — Surveillance des travaux. — Réception des travaux.

CHAPITRE XI

Règlements de police relatifs à la conservation des routes. — Au roulage. — Déclassement des chemins.

CHAPITRE XII

Personnel des ponts et chaussées. — Ingénieurs. — Conducteurs. — Agents voyers. — Personnel subalterne.

CHAPITRE XIII

COMPTABILITÉ

Budgets. — Parts contributives de l'Etat, du Département, de la Commune. — Evaluation et répartition des ressources. — Comptabilité des ingénieurs des ponts et chaussées. — Des agents voyers. — De l'ordonnancement. — Justification des dépenses.

DEUXIÈME PARTIE. — RIVIÈRES

CHAPITRE PREMIER

NAVIGATION

Conditions qu'un cours d'eau doit remplir pour être flottable ou navigable. — Résistance au mouvement des bateaux. — Flottage. — Halage. — Bateaux à voiles. — Remorquage par bateaux à roues, par bateaux à hélice. — Touage. — Câble de M. Maurice Lévy. — Prix de revient de ces différents modes de transport. — Comparaison avec les transports sur routes et sur chemins de fer.

CHAPITRE II

CLASSIFICATION DES FLEUVES ET RIVIÈRES

Torrents. — Rivières torrentielles. — Rivières à régime régulier. — Vitesse de l'eau. — Influence de la forme du lit de la rivière. — De sa direction. — Des remous. — Leur cours. — Leurs effets. — Jaugeage des cours d'eau.

CHAPITRE III

TORRENTS

Leur extinction par le reboisement. — Rivières torrentielles. — Leur correction. — Exemples. — Défense des rives. — Fascines, digues en charpente, plantation, enrochements, perrés, épis. — Etude sur les sables. — Leur déplacement, leur fixation.

CHAPITRE IV

ÉTIAGE

Crues et inondations. — Observations de Vallée, de Dupuit. — Prévision des crues. — Réservoirs d'assainissement. — Endiguements. — Canaux de dérivation. — Déversoirs. — Zones d'inondations. — Rupture des digues. — Assurances.

CHAPITRE V

AMÉLIORATION DES RIVIÈRES

Quelles sont les vitesses en différents points de la section d'une rivière? — Hauts fonds. — Rapides. — Profil en long et en travers de la section des rivières. — Endiguements. — Canalisation. — Barrages. — Types en usage.

CHAPITRE VI

UTILISATION DES EAUX PAR L'INDUSTRIE

Sur les rivières flottables. — Navigables. — Sur les petits cours d'eau. — Création d'une chute. — Evaluation du travail disponible. — Bief d'amont. — Bief d'aval. — Barrages. — Vannes. — Formalités administratives pour la création d'une chute. — Droits des tiers. — Mesures administratives et policières.

CHAPITRE VII

Utilisation des cours d'eau pour l'agriculture. — Inondations partielles des terrains. — Leur utilité. — Drainage. — Collecteur. — Irrigations. — Canaux principaux. Rigoles. — Leur tracé. — Droits des tiers. — Règlements de police.

CHAPITRE VIII

Personnel attaché spécialement aux cours d'eau. — Ingénieurs. — Conducteurs. — Piqueurs. — Eclusiers. — Gardes-pêche.

CHAPITRE IX

Lois et règlements en vigueur. — Police des fleuves, des rivières, des canaux.

CHAPITRE X

Comptabilité. — Recettes. — Dépenses. — Ordonnancement. — Payements. — Vérification de la comptabilité.

TROISIÈME PARTIE. — CANAUX

CHAPITRE PREMIER

DÉFINITIONS

ÉVALUATION DE LA QUANTITÉ D'EAU NÉCESSAIRE POUR ALIMENTER UN CANAL

Perte due au passage d'un bateau, aux filtrations, à l'évaporation.

CHAPITRE II

ALIMENTATION

Etude des ressources en eau disponible. — Réserves. — Bassins de secours. — Réservoirs. — Machines élévatoires.

CHAPITRE III

Tracé d'un canal. — Canal à point de partage. — Canal latéral. — Considérations qui doivent guider dans le choix de l'emplacement d'une écluse. — Détermination de la section d'un canal. — Profil en long. — Profil en travers. — Dimensions des écluses. — Devis.

CHAPITRE IV

Travaux de terrassements. — Construction de la cuvette. — Abords. — Talus. — Gazonnement. — Chemin de halage. — Etanchement à l'eau trouble.

CHAPITRE V

ÉCLUSES

Leurs dimensions. — Construction du radier, des bajoyers, du busc. — Portes d'écluse en bois, en fonte, en fer. — Appareils élévatoires des bateaux.

CHAPITRE VI

Digues. — Bassins. — Epaisseur des murs. — Solide d'égale résistance. — Résistance du sol à l'écrasement et au glissement. — Digues en terre. — Perrés d'étang. — Barrages fixes et mobiles. — Système Caméré, etc.

CHAPITRE VII

TRAVAUX ACCESSOIRES

Maisons d'éclusiers. — Ponts. — Canaux. — Rigoles. — Vannages. — Prises d'eau pour l'industrie ou l'agriculture. — Aqueducs.

CHAPITRE VIII

Etat des voies navigables en France et en Belgique. — Groupe de l'Oise, de la Marne, de l'Yonne, de la Seine, de l'Eure. — Bassins du Nord. — Rivières et canaux. — Littoral normand. — La Loire, ses affluents. — La Charente. — La Sèvre-Niortaise. — La Dordogne. — La Garonne. — La Gironde. — L'Adour. — Le Rhône. — Littoral de la Méditerranée. — Voies navigables de l'Est. — Belgique. — Canaux du Sud, du Centre et de l'Est de la Belgique.

CHAPITRE IX

PERSONNEL

Le même que celui des ponts et chaussées. — Gardes-pêche. — Eclusiers. — Entretien.

CHAPITRE X

Législation spéciale relative aux canaux et aux voies navigables. — Mesures de police.

CHAPITRE XI

COMPTABILITÉ

Recettes. — Dépenses. — Ordonnancement. — Payements. — Vérification des comptes.

PROGRAMME SUCCINCT

TRAITÉ DE PERSPECTIVE

Par G. **TUBEUF**, Architecte. Ancien élève de l'École des Beaux-Arts.

PRÉLIMINAIRES

Objet de la perspective. — Définitions. — Exposé des diverses méthodes.

CHAPITRE PREMIER

PERSPECTIVE DES PLANS

§ I. — *Principes de perspective.* — Coordonnées perspectives. — Lignes de front. — Lignes fuyantes. — Figures situées dans des plans de front. — Du géométral et du tableau.

§ II. — *Perspective d'une droite géométrale.* — Positions particulières des droites. — Points de fuite accidentels. — Points de distance principaux ou accidentels. — Problèmes d'exercices divers dont la résolution n'implique pas la connaissance des points principaux. — Problèmes d'exercices exigeant la connaissance des points de fuite et de distance. Différentes méthodes.

§ III. — *Construction sur le géométral par relèvement.* — Problèmes.

§ IV. — *Des cercles horizontaux.* — Tracé perspectif des cercles horizontaux. — Cas particuliers. — Problèmes.

V. — *Graticolage.* — De la mise au carreau.

CHAPITRE II

PERSPECTIVE DES ÉLÉVATIONS

§ I. — *Principe des hauteurs.* — Echelle des hauteurs. — Perspective des figures situées dans des plans verticaux. — Applications diverses.

§ II. — *Perspective directe.* — D'un point. — D'une droite. — Intersections de droites avec les plans. — De plans entre eux, obtenus directement. — Perspective directe des intersections de moulures rectilignes et curvilignes. — Applications aux corniches et aux frontons.

§ III. — *Images d'optique.* — Images par réflexion. — Loi de la réflexion. — Réflexion par une nappe d'eau. — Réflexion par des miroirs. — Point de fuite et ligne de fuite des images. — Renversement de la ligne d'horizon. — Images par réfraction.

§ IV. — *Des ombres.* — Principes des ombres sur plan horizontal et sur plan vertical. — Ombre des polyèdres, des prismes, des pyramides, d'un perron. — Applications diverses. — Ombres portées ou reçues par des surfaces courbes. — Applications au cône, au cylindre. — Voûte en berceau, arcade, niche.

V. — *Effets de perspective.* — Problème inverse de perspective ou restitution. — Recherche de la ligne d'horizon. — Restitution du point principal et du point de distance. — Restitution de divers objets simples; d'édifices présentés par des vues obliques, d'édifices situés dans des plans de front.

§ VI. — *Dérogation aux règles de la perspective.* — Dérogations relatives aux surfaces courbes. — Des procédés pratiqués par les peintres pour représenter les corps dont les surfaces sont courbes. — Considérations géométriques sur les dérogations relatives au contour apparent des figures. — Choix du point de vue et du point de distance, leur position.

§ VII. — *Contours apparents et lignes d'ombre.* — Du contour apparent des surfaces. — Applications à un piédouche. — Lignes d'ombre des surfaces. — Application à un tore.

§ VIII. — *Appareils délinéateurs et appareils d'optique.* — Généralités. — Diagraphe. — Té brisé. — Chambre noire. — Chambre claire.

§ IX. — *Dessin d'après nature.* — Appréciation des rapports des inclinaisons, de la hauteur d'horizon. — Des cercles et de leur division dans le dessin d'après nature. — Exemples.

CHAPITRE III

PERSPECTIVE AÉRIENNE

Observations sur la perspective aérienne. — Atmosphère, sa densité, sa couleur, azur du ciel. — Ciel pur, son apparence concave. — Fumée, brouillards. — Nuages, arcs-en-ciel. — Reflets, contours vagues des objets éloignés. — Eaux calmes, eaux tombantes. — Lointains. — Soleil couchant.

CHAPITRE IV

PERSPECTIVE DE CONVENTION

§ I. — *Des perspectives de convention.* — Perspective cavalière, rapport de réduction. — Exemples. — Perspective axonométrique. — Echelle et rapports. — Exemples. — Perspective isométrique, rapports et exemples.

§ II. — *Cas particuliers de perspective.* — Tableaux courbes — Panoramas. — Plafonds. — Théorie de la perspective des bas-reliefs. — Parallèle des bas-reliefs avec le dessin et la ronde-bosse sous le rapport de la perspective.

§ III. — *Décoration théâtrale.* — Définition. — Construction spéciale aux châssis obliques. — Etablissement d'une décoration. — Plantation des châssis. — Châssis de front. — Châssis obliques. — Fermes. — Plafonds. — Rideaux de fond. — Petits rideaux. — Plantations à l'italienne. — Décoration fermée.

NOTE DE L'ÉDITEUR

Le Cours de Construction paraît à raison de dix livraisons chaque mois; les 9 premières et la 12e partie sont complètement parues. Les 10e, 11e 13e et 15e parties sont en cours de publication.

Pour les paiements, on règle à raison de 5 francs en une quittance par la poste, après 10 livraisons reçues ou au comptant. Les diverses parties du *Cours* peuvent être prises séparément. Demander le catalogue qui donne le programme détaillé de chaque partie.

Pour souscrire, détacher le bulletin ci-dessous après l'avoir préalablement rempli et signé et l'adresser à M. Georges FANCHON, 25, rue de Grenelle, Paris.

N.-B. — On peut se procurer les parties déjà parues ou en cours à raison de 5 fr. par mois pour 100 francs ou fraction de 100 francs. — Demander le catalogue.

Je soussigné.. profession de ....

demeurant à .... rue .... n° .... département d..........

.... déclare souscrire à ....

aux conditions suivantes : ....

TRAITÉ DES PORTS DE MER

ONZIÈME PARTIE DU COURS DE CONSTRUCTION

PAR

P. BERTHOT

Ingénieur des Arts et Manufactures. — Membre et lauréat de la Société des Ingénieurs civils de France
Ancien Ingénieur de la province de Céara (Brésil).
Ingénieur en chef de l'Exposition Française à Moscou, en 1891

PROGRAMME SOMMAIRE

CHAPITRE PREMIER

Historique. — Antiquité de la navigation. — Les ports de mer chez les anciens. — Travaux exécutés par eux.

CHAPITRE II

La mer. — Sa composition chimique et son action sur les matériaux de construction. — Sur les métaux. — Sa profondeur. — Appareils de recherche. — Explorations récentes. — Courants de la mer. — Travaux de Maury. — Marées. — Théorie de Laplace. — Loi de Chazelon. — Vagues. — Tempêtes. — Effet de l'huile. — Raz-de-marée. — Établissement d'un port. — Moyen d'utiliser les marées comme force motrice.

CHAPITRE III

Ce que doit être un port. — Différentes espèces de ports. — Rades. — Ports militaires. — Ports marchands. — Ports de refuge.

CHAPITRE IV

Régime des plages. — Vases. — Galets. — Sables. — Dunes. — Leur fixation. — Falaises.

CHAPITRE V

Approche des côtes. — Amers. — Balises. — Bouées. — Corps-morts. — Phares. — Sémaphores. — Life-boats. — Porte-amarres.

CHAPITRE VI

Entretien et amélioration des ports. — Quais. — Môles. — Digues. — Jetées. — Titans. — Bassin à flot. — Ponts mobiles. — Écluses. — Portes. — Portes de flot. — Portes-volets. — Portes de chasse. — Dérochement. — Dragues.

CHAPITRE VII

Outillage des ports. — Exploitation des ports de commerce. — Voies d'accès. — Mouillage. — Grues. — Bassin de radoub.

CHAPITRE VIII

Description de quelques ports français et étrangers. — Le Havre. — Marseille. — Cherbourg. — Bayonne. — Saint-Jean-de-Luz. — Cap Breton. — Anvers. — Holyhead (port de refuge). — New-York. — Port de la Palice.

CHAPITRE IX

Canaux maritimes. — Canal d'Amsterdam à la mer. — Canal de Corinthe. — Canal de Saint-Pétersbourg à Cronstadt. — Canal de la mer du Nord à la Baltique. — Canal de Manchester. — Canal de Suez. — Canal de Tancarville. — Canal des deux mers en Écosse.

CHAPITRE X

Droit de feu. — Pilotage. — Remorquage. — Droits de quai et de tonnage. — Principales lois et règlements. — Personnel.

Tours. — Imprimerie DESLIS Frères, rue Gambetta, 6.

www.ingramcontent.com/pod-product-compliance
Ingram Content Group UK Ltd.
Pitfield, Milton Keynes, MK11 3LW, UK
UKHW020357250726
13967UKWH00005B/2344

9 782012 931992